火星

破译红色星球的密码

［英］肖娜·埃德森
　　　　　　　　　　著
［英］贾尔斯·斯帕罗

［英］马克·拉夫利　绘

　　　　　　　常娟　译

科学普及出版社
·北　京·

著作权合同登记号：01-2022-5019

图书在版编目（CIP）数据

火星 ：破译红色星球的密码 /（英）肖娜·埃德
森，（英）贾尔斯·斯帕罗著 ;（英）马克·拉夫利绘 ；常娟
译. — 北京 ：科学普及出版社，2022.10
书名原文：Mars: Explore the mysteries of the Red Planet
ISBN 978-7-110-10451-4

Ⅰ．①火… Ⅱ．①肖… ②贾… ③马… ④常… Ⅲ．①
火星—少儿读物 Ⅳ．①P185.3-49

中国版本图书馆CIP数据核字(2022)第100605号

策划编辑　邓　文
责任编辑　郭　佳
图书装帧　金彩恒通
责任校对　焦　宁
责任印制　李晓霖

科学普及出版社出版
北京市海淀区中关村南大街16号　邮政编码：100081
电话：010-62173865　传真：010-62173081
http://www.cspbooks.com.cn
中国科学技术出版社有限公司发行部发行
广东金宣发包装科技有限公司印刷
开本：787毫米×1092毫米　1/8　印张：10　字数：120千字
2022年10月第1版　2022年10月第1次印刷
ISBN 978-7-110-10451-4/P · 232
印数：1—10000册　定价：79.80元

（凡购买本社图书，如有缺页、倒页、
脱页者，本社发行部负责调换）

4—5　欢迎来到火星

14—15　过去

30—31　现在

54—55　未来

目　录

6—7　火星在哪里?

10—11　岩石组成的红色星球

8—9　地球与火星

12—13　火星上的气候

16—17　火星的历史

22—23　火星的卫星

18—19　火星是怎样形成的?

24—25　火山喷发

20—21　火星上的陨石坑

26—27　火星上的水

28—29　火星上的生命?

32—33　火星上是什么样的?

44—45　风和天气

34—35　我们如何探索?

46—47　"好奇号"火星探测器

36—37　在火星上着陆很难!

48—49　极地冰盖

38—39　水手谷

50—51　探测才刚刚开始

40—41　奥林匹斯山

52—53　火星勘测轨道飞行器

42—43　测量火星

56—57　目的地:火星

72—73　那些任务背后的人

58—59　我们怎么去火星?

74—75　谁将去火星?

60—61　一段充满挑战的旅程

76—77　接下来是什么?

62—63　在火星上生活

78—79　词汇表

64—65　探索火星

80　致谢

66—67　火星上的穿着

68—69　全新的一代

70—71　保持火星清洁

欢迎来到火星！

这是一个遥远、神秘的星球，我们从未停止探索和发现。

近距离看，火星是什么样子的？它曾经有生命吗？在火星上生存会实现吗？在这本书中，我们将通过探索火星的过去、现在和未来，去回答这些问题，甚至了解更多关于火星的情况。你会从书中得知我们已经对它了解的一切，并参与到很多关于未知的讨论中。

但在我们正式开始认识这颗神奇的红色星球之前，有些内容有必要先了解清楚。

在开始之前，你应该知道……

行星

行星是太空中围绕太阳运动的物体。它是球形的，由岩石、气体、金属、冰或这些物质的混合物构成。太阳系中有八颗行星。

火星物质

一切与火星相关的东西。

太阳系

太阳系是太阳和围绕它运行的一切（包括行星、卫星、矮行星和其他天体）。太阳系是银河系的一小部分，银河系是恒星和其他天体的巨大集合。

大气层

大多数行星都包裹在一层气体中，我们称其为大气层。行星的引力把大气层拉得离它很近。地球有一个主要由氮气和氧气组成的大气层，我们每天都在呼吸这些气体。火星也有大气，它主要由二氧化碳组成，且比地球的稀薄得多。

自转

所有行星都在自转。自转一圈我们称为一天。在地球上，这需要 24 小时。每颗行星以不同的速度自转，所以其他星球的"一天"可能会比地球上的一天更长或更短。火星上的一天，也就是我们所说的"火星日"，比地球上的一天长 37 分钟左右。

质量

构成一个物体的物质的量。

引力

物体间由于被吸引而被拉向对方的力。一个物体有多大的引力取决于它有多大的质量。这是一种即使两个物体不互相接触也会起作用的力。物体间的距离越近，这个力越强。即使相距数百万千米，太阳系中的行星和其他天体也会受到太阳的引力作用，而它们对太阳也有引力作用。

轨道

轨道是太空中一个天体绕着另一个天体周期性运动的路径，大多是椭圆形的。火星和其他行星都绕着太阳运行，太阳的引力把它们固定在轨道上。有些行星的轨道比其他行星更靠近太阳，它们与太阳的距离会影响它们沿轨道运行一周（公转）所需的时间。地球公转一次需要 365 天，这就是为什么一年会是这样长的时间。火星距离太阳更远，所以公转一次大约需要 687 天。

美国国家航空航天局（NASA）

这是一个由美国政府创建的组织，负责太空探索、技术开发和执行太空任务。

欧洲航天局（ESA）

它是一个由欧洲 22 个国家的政府创建的组织，致力于太空探索，进行研究并规划很多太空任务。

小行星带

我们的太阳系有一个由数百万移动岩石组成的大环，位于火星和木星之间，这就是小行星带。这些被称为小行星的岩石很可能是太阳系形成时遗留下来的，它们围绕太阳运行。小行星可以小到像一座建筑，也可以大到如同一个国家。一颗名为灶神星的小行星的表面积和巴基斯坦的面积一样大。

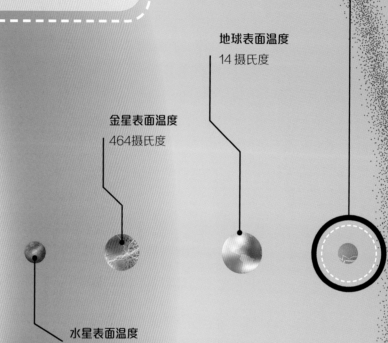

火星表面温度
零下63摄氏度

地球表面温度
14 摄氏度

金星表面温度
464摄氏度

太阳表面温度
5505摄氏度

水星表面温度
167摄氏度

宜居带

科学家认为，有水的行星是最有可能存在生命的地方，因为我们所知道的所有生命都需要水。行星不能太靠近太阳，那里的热量会把水全部蒸发。但是如果行星离太阳太远，水义会结冰。

介于两者之间的是一个"刚刚好"的区域，那里的温度正好适合液态水存在（在这里用绿色标示）。我们称这个区域为"宜居带"，意味着有可能适合生命存在。地球和火星都在这个区域内，所以科学家认为火星上有可能有生命存在过。

难以想象的热！   刚刚好！   寒冷至极！

火星在哪里?

我们的太阳系是由太阳、行星、卫星以及其他环绕太阳运行的天体组成。火星是距离太阳第四远的行星。太阳系中共有八颗行星。

通常情况下,行星离太阳越近,其表面温度就会越高。想象一下,在数九寒天的日子里,你站在篝火旁,离火越近感觉越暖和。地球和火星到太阳的距离都恰到好处,它们的表面既不太热也不太冷。而远离太阳的行星就要冷得多。

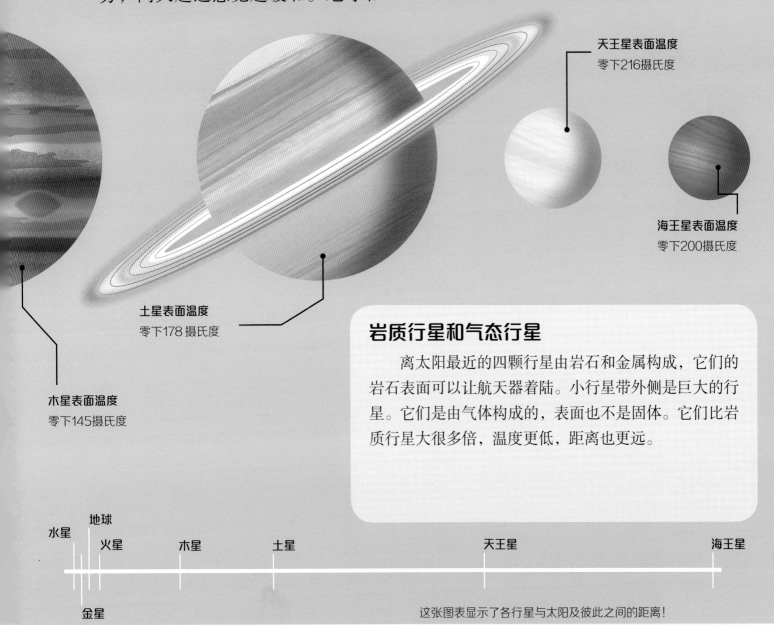

天王星表面温度
零下216摄氏度

海王星表面温度
零下200摄氏度

土星表面温度
零下178摄氏度

木星表面温度
零下145摄氏度

岩质行星和气态行星

离太阳最近的四颗行星由岩石和金属构成,它们的岩石表面可以让航天器着陆。小行星带外侧是巨大的行星。它们是由气体构成的,表面也不是固体。它们比岩质行星大很多倍,温度更低,距离也更远。

地球
水星
火星　　木星　　　　土星　　　　　　　　　　天王星　　　　　　　海王星

金星

这张图表显示了各行星与太阳及彼此之间的距离!

地球与火星

如果地球和火星比赛，谁会赢呢？

尽管这两颗行星在太阳系中相邻，但它们却是截然不同的。火星离太阳更远，因此温度更低，平均温度为零下63摄氏度。

火星上的一天只比地球上的一天长约半个小时。然而，火星绕太阳公转的速度比地球慢，这意味着火星上一年的时间比地球要长得多。火星上的一年是687个地球日，如果你在火星上，每个生日之间都是漫长的等待！

从太空中观察地球和火星，你会发现火星的体积要小一些——六个火星和一个地球差不多大！火星上的引力也相对弱得多。你在火星上的体重大约是在地球上的1/3，因此在火星上你可以跳得更高。

地球

火星

事实

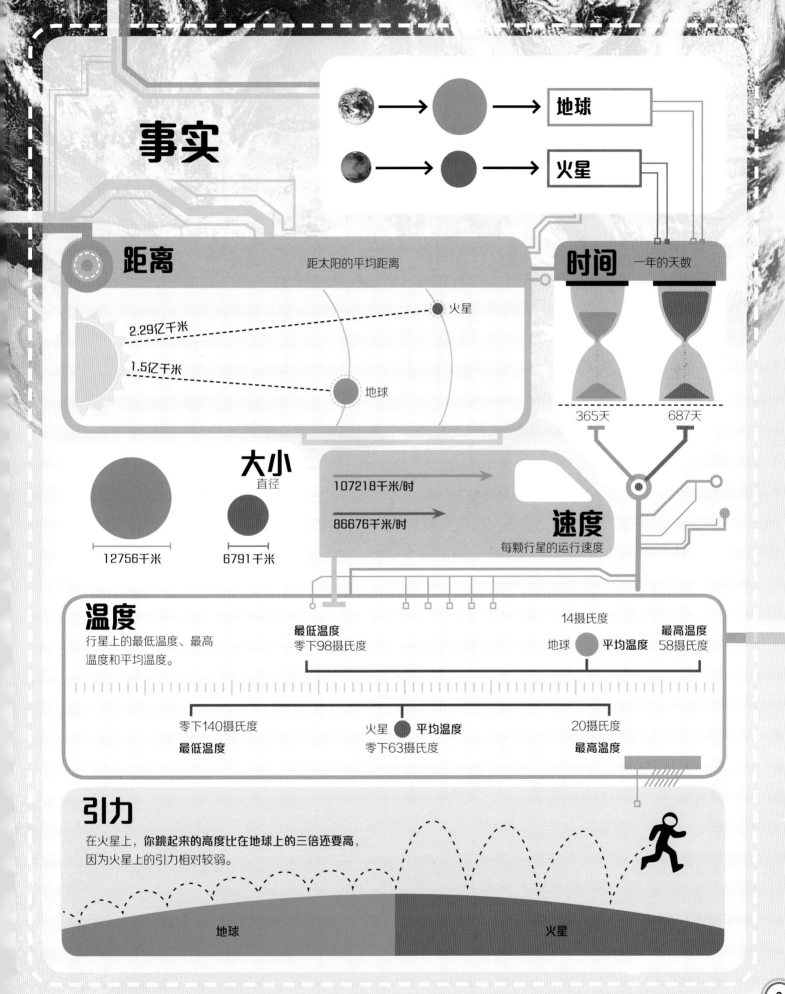

地球

火星

距离
距太阳的平均距离

2.29亿千米 火星

1.5亿千米 地球

时间
一年的天数

365天　　687天

大小
直径

12756千米　　6791千米

107218千米/时

86676千米/时

速度
每颗行星的运行速度

温度
行星上的最低温度、最高温度和平均温度。

最低温度
零下98摄氏度

14摄氏度

地球 ● 平均温度

最高温度
58摄氏度

零下140摄氏度

火星 ● 平均温度

20摄氏度

最低温度

零下63摄氏度

最高温度

引力
在火星上，你跳起来的高度比在地球上的三倍还要高，因为火星上的引力相对较弱。

地球　　火星

岩石组成的 红色星球

火星和地球一样是由岩石构成的。它的表面为铁锈红色，这颗行星在夜空中发出红色的光芒。

火星和地球一样有山脉和山谷，但它们要大得多。在地球上，流水和强风已经把地表磨损了。而火星上没有流动的水，风力也比地球上弱得多，所以这里的山更高，山谷更深。但科学家认为火星和地球的形成方式很相似。

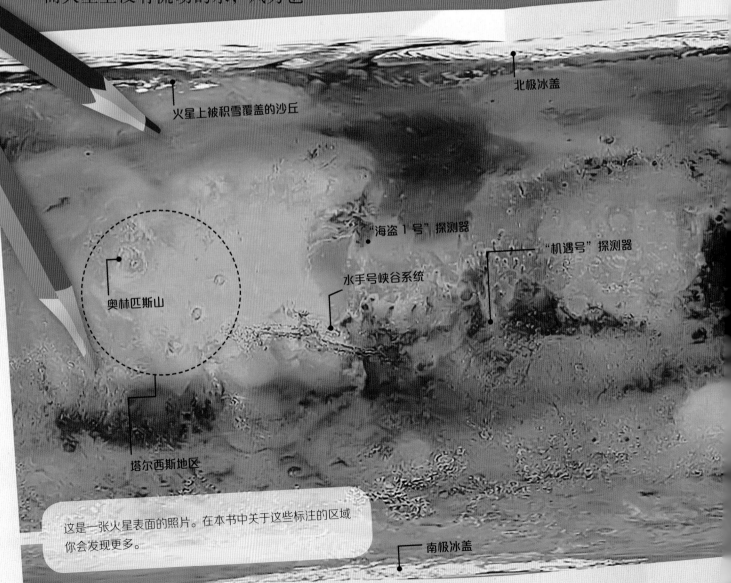

北极冰盖

火星上被积雪覆盖的沙丘

"海盗1号"探测器

"机遇号"探测器

水手号峡谷系统

奥林匹斯山

塔尔西斯地区

这是一张火星表面的照片。在本书中关于这些标注的区域你会发现更多。

南极冰盖

当机器人擦去灰尘，火星红色的表面就露了出来。

表面是什么样的？

火星表面干燥且尘土飞扬。航天器拍摄到了高大的火山、深深的陨石坑和看起来曾经有过河流的山谷的照片。火星的北半球大部分是平坦的，还有几座巨大的火山；南半球则大不相同，有大片的高海拔地区和凹凸不平的陨石坑。

火星探测器在火星表面挖了一个洞，火星下层铁锈红色的土壤露了出来。

火星表面的岩石

为什么是红色的？

火星表面的岩石中含有大量的铁，就是那种我们地球上也存在的金属。当铁与空气中的氧气发生反应时，会变成橙红色，就像把一辆旧自行车长期丢弃在外面一样——它会生锈。正是这些生锈的岩石让火星看起来是红色的。

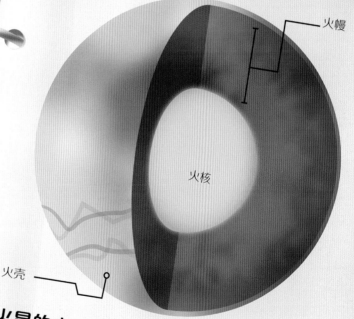
火幔

火核

火壳

"洞察号"探测器着陆点

"好奇号"探测器

"勇气号"探测器

盖尔陨石坑

火星的内部是什么样的？

火星和地球一样有三层，外面是岩石火壳，火壳下面是叫作火幔的柔软区域，中心是火核。我们还不知道这几层有多大多厚，也不知道火核是固态还是液态。2018年，美国国家航空航天局的"洞察号"探测器登陆火星。它的工作是测量火星表面的振动，以发现更多关于这些分层的信息。2021年，中国天问一号探测器成功着陆火星，"祝融号"火星车开始巡视探测等工作。

火星上的气候

如今，火星表面是一片没有液态水的寒冷、干燥的沙漠，但有些科学家认为它可能曾经是温暖和潮湿的。

火星上的岩石山谷和碗状凹陷表明火星上曾经有河流、湖泊和海洋存在。要让冰融化并水流成河，火星必须要温暖得多。行星的温度与它距离太阳多远有关，也与它的大气层有关。许多科学家认为，火星大气层的变化使它比过去更冷。

曾 经

火星过去是什么样的?

大约 40 亿年前，火星的大气层比较厚，能够保持更多的热量。虽然我们不知道当时的确切气温，但有可能比现在暖和。这意味着彼时火星上的水可能是液态的，而不是冰冻的，因此也更潮湿。

大气是什么？

大气是环绕行星的气体。它是由气体混合物组成的，每颗行星的混合气体是不同的。地球上的大气层就像温室一样，吸收太阳的热量，使地球保持温暖。火星现在的大气层很稀薄，所以很冷。地球的大气层很厚，这就是为什么地球上很温暖。大气中的气体混合物使地球上的动植物得以呼吸和生存。

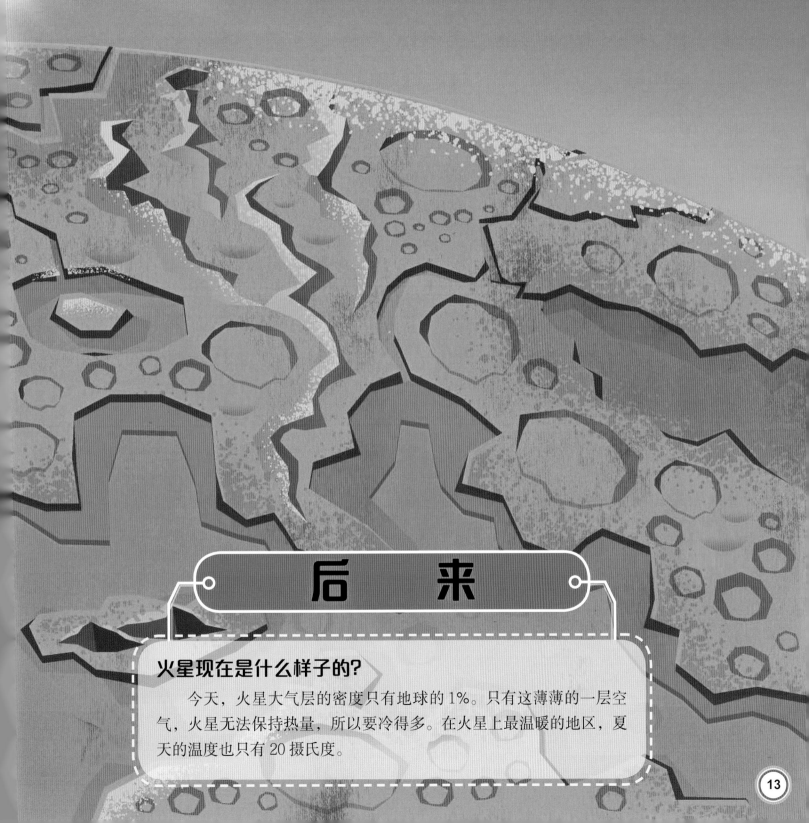

后　来

火星现在是什么样子的？

今天，火星大气层的密度只有地球的1%。只有这薄薄的一层空气，火星无法保持热量，所以要冷得多。在火星上最温暖的地区，夏天的温度也只有20摄氏度。

过去

到目前为止，火星上都发生了什么？

火星的历史

想象一下，如果你对恒星和行星一无所知，当你抬头看到夜空中有明亮的光，你会认为它们是什么？

我们现在知道这些明亮的光主要是恒星和行星，但古人并不清楚这一点。他们看到天空中的亮光，就会根据自己的想法来描述。他们注意到星星不停在天空中移动，其中一些要比其他的亮得多。有一束光特别吸引人，人们能看到它醒目的红色和在天空中移动的轨迹。我们现在知道这就是火星！

给红色星球命名

古人认为行星以某种方式与他们信仰的神联系在一起。他们把这颗神秘的行星与战神联系起来。在古希腊，战神被称为阿瑞斯（Ares）。在古罗马，战神被称为玛尔斯（Mars），也就是这颗红色星球的英文名字！

古罗马战神玛尔斯的雕像

火星

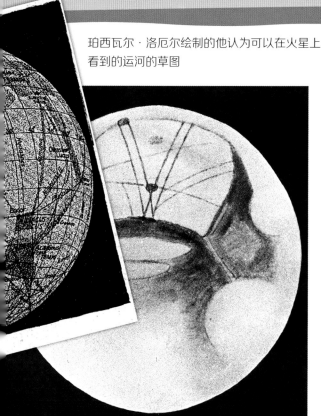
珀西瓦尔·洛厄尔绘制的他认为可以在火星上看到的运河的草图

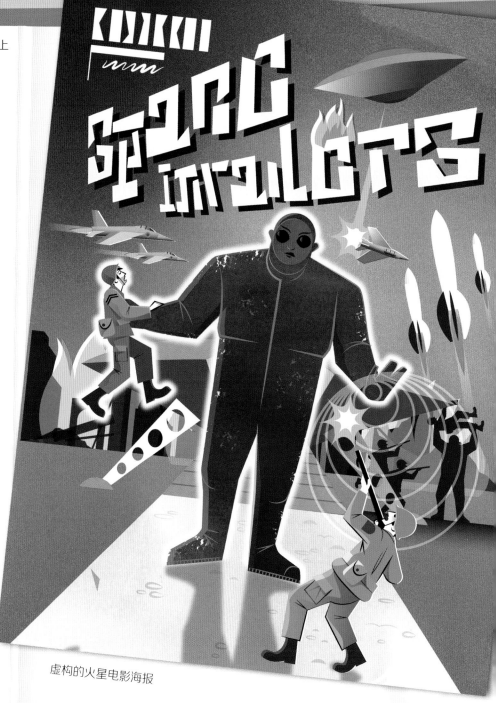
虚构的火星电影海报

神奇的运河

随着时间的推移，人们意识到这些行星和地球一样，都是围绕太阳运行的。随着望远镜（发明于17世纪初）的改进，科学家将它们转向行星，寻找行星表面的特征。

19世纪初，天文学家报告说在火星表面看到了很多直线。天文学家珀西瓦尔·洛厄尔认为这些线是由智慧生物建成的运河网络。我们知道，火星表面没有任何充满水的运河，天文学家看到的这些线可能是我们现在知道的火星表面的山谷。

火星小说

随着人们对火星了解的加深，大家开始意识到火星可能也会是一个可以存在生命的家园。大约在1895年，也就是珀西瓦尔·洛厄尔研究火星的同一时期，英国作家赫伯特·乔治·威尔斯创作了《世界大战》——一个关于火星人离开他们濒临死亡的星球、入侵地球的故事。

从那以后，人们一直对火星入侵者造访地球以及前往火星的旅行者发现居住在那里的奇怪外星人的想法着迷。

火星是怎样形成的？

包括火星在内的所有行星都是在太阳诞生时由其剩余物质形成的。

太阳系最初是一团巨大的气体和尘埃云，它被一种叫作引力的力量慢慢地拉在一起。当足够多的物质聚集在一个地方时，核心部分就会升温，形成一颗新的恒星，这就是我们的太阳。随后更多的物质聚集在太阳周围，形成岩石块，以及冰、液体和气体的团块。其中一些团块聚集形成了更大的团块——行星。科学家们仍不明白这到底是如何发生的，并还在寻找线索，试图解释这一现象。

太阳形成的初期

1

小碰撞

在太阳系最初形成时，数以万计的岩石团块围绕着年轻的太阳旋转。它们相互碰撞，有时会撞成碎片，但有时也会粘在一起。随着时间的推移，一些团块通过收集周围的岩石碎片而变得更大。

2

球体形成

一些大型的团块开始形成球体，这是因为引力把它们从中心拉向边缘，形成球形。其中一个球体便是年轻的火星。球体中较重的物质（如金属）会下沉到中心，形成一个核心。火星内部的这种运动产生了大量的热量，熔化了岩石，可能在火星表面形成一片液态岩石的海洋。

你能想象吗？

本页提到的过程发生得不是很快。事实上，它们发生的时间太长了，以至于人类很难用语言来描述。我们同样难以想象这些过程发生在多么高和多么低的温度下。

3

火星冷却

最终，火星冷却下来，熔岩硬化成火壳。与此同时，太空中残留的岩石碎片撞向了这颗行星，在它的表面形成了巨大的陨石坑。火星内部深处的热量导致火山喷发和熔岩流的出现，并改变了火壳的形状。最终，在火星深度冷却后，火山便停止了喷发。

火星上的陨石坑

当一块岩石撞上一颗行星时，它会留下一个圆形的洞，称为陨石坑。包括火星和地球在内的所有岩质行星的表面都有陨石坑。

如果一块太空岩石穿过大气层，撞击到行星表面，我们称之为陨石。一颗大陨石可以形成一个比它大十倍的陨石坑。在太阳系形成初期，有数以百万计的陨石撞击岩质行星，形成了陨石坑。地球上的大多数陨石坑已经被雨水、火山和动植物的侵蚀抹平或填满了。然而，火星上没有这些东西，所以我们仍然可以看到火星上有许多陨石坑。观察火星有助于我们了解地球上曾发生的事。

计算陨石坑

陨石坑不仅能告诉我们陨石击中行星的位置，我们还能通过统计陨石坑的数量，计算出行星表面某一区域的年龄。陨石坑越多，该地区形成的年代就越久远。

陨石坑是怎样形成的?

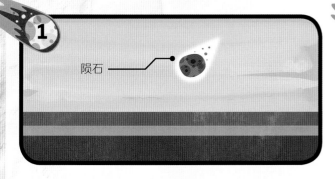

1

陨石

当一颗陨石向一颗行星坠落，它在穿过大气层时会升温。在此过程中，小石块会烧成灰，大石块会被打碎落到行星表面。

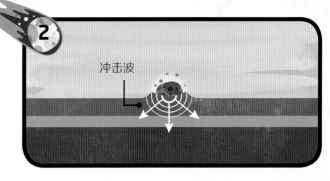

2

冲击波

当陨石撞击行星表面时，它的速度非常快，会产生强大的振动并传送到行星表面，我们称之为冲击波。

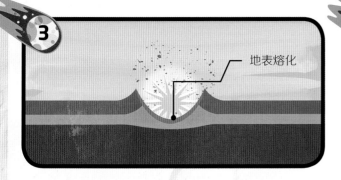

3

地表熔化

撞击使陨石迅速升温，随后发生爆炸，岩石和气体四散。爆炸使行星的表面熔化，使一些岩石变成了气体，留下一个陨石坑。

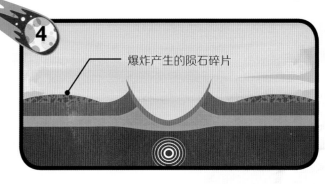

4

爆炸产生的陨石碎片

在撞击下，被冲击波压迫的地面会反向推回。爆炸产生的陨石碎片会落在陨石坑周围的地面上。

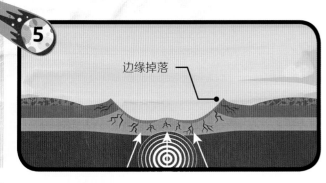

5

边缘掉落

随着地面的上升，陨石坑的边缘裂开并掉落。坑内的地面有时会推高到足以在陨石坑中央形成一座小山。

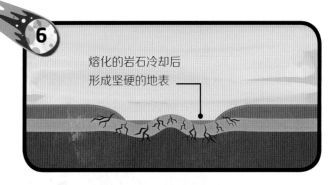

6

熔化的岩石冷却后形成坚硬的地表

熔化的岩石冷却并变成固体。圆形陨石坑显示出陨石撞击的位置。这个陨石坑可能会保持数千年不变。

火星的卫星

想象一下，仰望夜空，我们看到的不是一个月球，而是两个！

火星的卫星被称为火卫一和火卫二。它们不像地球的卫星（月球）那样是圆的，而是像土豆那样凹凸不平的块状。科学家正在考虑用卫星作为基地，在这里，他们可以更详细地研究卫星，还可以把基地作为前往火星的中途停留点。这些卫星的英文名是以古罗马战神玛尔斯的儿子的名字命名的。火卫一的英文名福波斯（Phobos）意思是"恐惧"或"惊慌"，而火卫二的英文名戴莫斯（Deimos）意思则是"惧怕"或"逃离战场"。1877 年，美国天文学家 阿萨夫·霍尔发现并命名了它们。

火卫一

火卫一快速而紧密地环绕火星运行。它以螺旋式的运动逐渐向火星靠拢，每一百年向火星靠拢1.8米。科学家预测，在5000万年内，火卫一要么会破裂，形成一个环绕火星的环状物；要么会撞向火星，这种撞击足以毁灭火星上的任何物体。

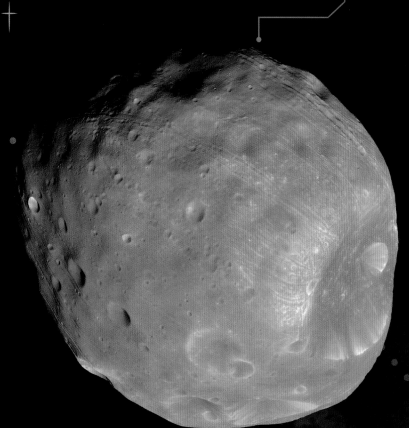

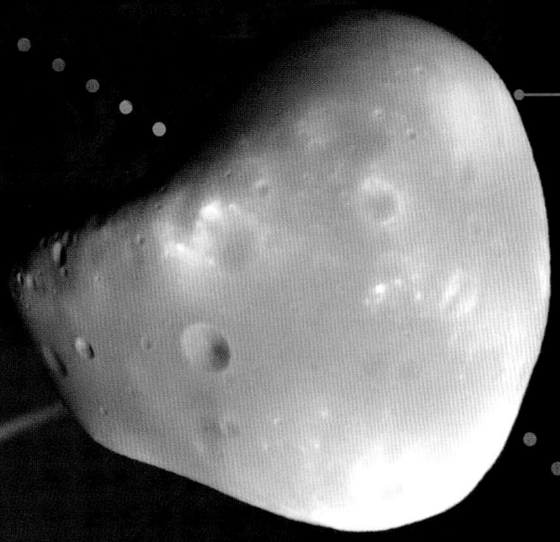

火卫二

小小的火卫二只有月球大小的几百分之一。它的轨道比火卫一离火星更远，科学家认为它正在慢慢远离火星，最终将飞向太空。从火星上看，火卫二和天空中的其他恒星一样。有时从地球上也能看到它——它看起来像夜空中的一颗恒星或行星。

小卫星或小行星？

火星的卫星非常小，火卫一的大小是月球的 1/157，火卫二的大小是月球的 1/276。科学家对这些卫星的了解不多，但认为它们可能是被火星引力吸引而来的小行星，或是火星在很久以前形成时遗留下来的岩石团。

尺寸

卫星的直径

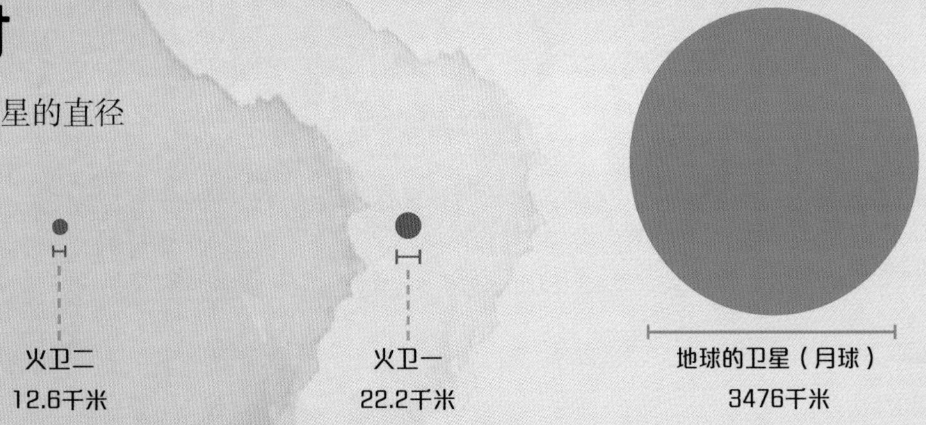

火卫二
12.6千米

火卫一
22.2千米

地球的卫星（月球）
3476千米

火山喷发

火星是太阳系中最大火山的所在地，火星上的许多火山比地球上任何一座火山都要大得多。

其中最大的要属奥林匹斯山（见第 40—41 页），此外还有其他几座巨大的火山和一些以不同方式形成的小火山。我们从未在火星上看到过火山喷发，似乎大多数火山现在都已经失去了活动能力（或者至少休眠了数百万年）。

塔尔西斯高原

这是一个巨大的火山地区，被称为塔尔西斯高原，是 12 座大型火山的所在地。其中 4 座（包括奥林匹斯山）是火星上最大的火山，它们位于火星表面被称作塔尔西斯隆起的巨大突出部附近。科学家们认为塔尔西斯位于一个"热点"——来自火星深处的热物质喷泉的顶部。这个热点使地表下的岩石不断熔化，在数十亿年的时间里为火山提供熔岩。

盾状火山

它们看起来像战士的盾牌躺在那里，因此而得名。它们是由一层又一层快速流动的熔岩组成的，这些熔岩从表面的裂缝中渗出，冷却后形成宽而浅的圆顶。中间的顶口叫作破火山口。

爆裂式喷发

　　火星上的大多数火山似乎都相当平静，熔岩从表面的裂缝中渗出。然而，在熔岩加热被困住的水流或冰形成蒸汽的地方，就会产生爆炸。火星上一个叫尼利槽沟的区域仍然覆盖着一层来自火星深处的火山灰和岩石，科学家认为这是 36 亿年前发生的一次巨大而猛烈的火山喷发的证据。

火星上的水

科学家知道火星上有液态水，它塑造了火星大部分的表面。但他们仍不知道那里到底有多少水，也不知道水在那里存在了多长时间。

火星曾经像地球一样温暖，有着河流和湖泊。今天的火星上仍有一些水，但不容易被看到或发现，因为这些水已经冻成冰或藏在地下的岩石中。现在，火星看上去像沙漠一样，很干燥。但它表面的岩石讲述了这里的水也曾经像地球一样是流动的。岩石的形状和图案，以及它们的内部成分，可以用来确定水可能曾在哪里流动及它是什么样子的。

河流——就像地球上的一样！

科学家发现了火星上曾经有河流的线索。火星表面的图案看起来像是树枝，和地球上的河流形成的图案相似。因此科学家认为火星上也曾有河流。探测器在火星上还发现了光滑的岩石，而地球上的岩石表面因被河流冲刷而变得光滑。所以科学家相信同样的事情可能也发生在火星的光滑岩石上。

火星上的海洋和湖泊

地球上被海洋和湖泊覆盖的地方，水流充满了任何一个凹陷处。在火星的北半球可能曾有一片巨大的海洋。"好奇号"火星探测器 2011 年被派往火星，去收集火星上过去的生命和水的信息（见第 46—47 页）。它降落在一个科学家认为曾经是湖泊的凹陷处。它对岩石进行了勘测，发现水可能是咸的和酸性的——这不同于地球上的水。不过科学家认为那里可能还存在过生命。

这张图片展示了火星表面过去有水时可能的样子。

水意味着生命吗？

火星上有水的事实，让科学家认为那里可能存在过生命。地球上的生命都需要水才能生存，所以我们在火星上寻找生命时，一直以水为向导。当然，火星上也有可能存在着不需要水就能生存的生命——这是一个大胆且令人兴奋的想法，不过我们还没搞清楚！

这张图展现了颇具艺术性的想象力，盖尔陨石坑现在是干燥的，但曾经可能填满了水。

火星上的生命？

火星上是否存在过生命，现在是否仍然有生命？这是科学家试图解答的、最令人兴奋的问题之一。

以我们从地球上了解到的情况来说，生命需要一些要素才能存在——碳（一种化学元素，有助于形成生命所必需的化学物质）、液态水，以及太阳能等能量。来自轨道飞行器和火星车的证据表明，火星在遥远的过去拥有上述这些要素。那么火星曾经出现过生命吗？如果有的话，它们可能存活到今天吗？

火星

这张照片显示的是来自地球视角的银河系。

生命来自火星吗?

　　随着时间的推移,火星和地球的状况都发生了很大变化。火星上适合生命生存的条件可能比地球早数亿年就存在过。那么地球上的生命真的是从火星开始的吗? 有几块陨石(在地球上发现的来自太空的岩石)被证明是很久以前从火星上爆炸而来的。一些人认为它们可能将微生物从火星带到地球上。尽管这是一个令人兴奋的想法,但到目前为止还没有确凿的证据来支撑它。

生命的意义

　　火星是离地球最近的行星,那里曾经有适合生命存在的条件。它是除地球之外,我们仔细研究过的一颗行星。如果我们发现有生命曾经在火星上存在的话,它将带来一种惊人的可能性:在条件适宜的地方有生命存在。这些地方可能在更广阔的宇宙中,甚至在太阳系的外行星上。

现在

我们现在所了解的

关于火星的

一切是什么？

火星上是什么样的?

就像任何你从未去过的地方一样,你只能先去想象火星上可能是什么样子的。

目前人类还没有去过这颗红色星球,但机器已经传送回许多照片和测量数据,告诉我们那里的许多情况。任何访问火星的人都必须一直穿着宇航服,以免受到火星上危险环境的伤害。但让我们想象一下,如果你在火星上可以像在地球上一样,不受保护地走出去,你会有什么感觉?

火星上的日落

这是一个很艺术的想法——如果你站在火星上,日落会是什么样子的? 太阳落山时,天空从粉红色变成蓝色。

你能感觉到什么?

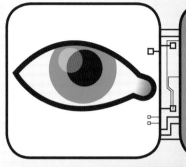

你能看到什么?

白天,天空是粉红色的,当太阳落山时,天空就变成了蓝色。从这里看太阳比从地球上看要小。火星尘土飞扬、橙色的地面上散落着巨石,你或许可以看到远处的小山、沙丘或巨大的山脉。

你能闻到什么?

捏住鼻子!一股令人厌恶的臭鸡蛋的气味从土壤中散发出来,这就是硫化物的气味。空气中的二氧化碳是酸性气体,它也可能会刺激你的鼻子。

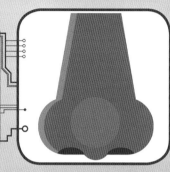

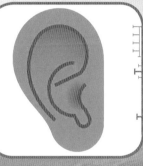

你能听到什么?

当你在地面上行走时,柔软的泥土会轻轻地咯吱作响。你可以听到航天器的机械臂在附近移动所发出的声音,它可能比你所认为的声音要小,因为声波不能在稀薄的大气中传播。

你能体会到什么?

火星的重力比地球小,所以你会感觉轻得多,弹跳的高度也是地球上的三倍。稀薄的大气(见第 12—13 页)意味着热量流失得非常快,以至于你脚边的温度比头上的温度还要高!

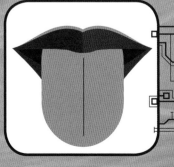

你能尝到什么?

沙尘暴过后,空气中富含铁的灰尘尝起来像金属的味道。在这里你绝不会深呼吸,因为空气到了嘴里就会变酸,循环往复,味道会很恐怖!

我们如何探索?

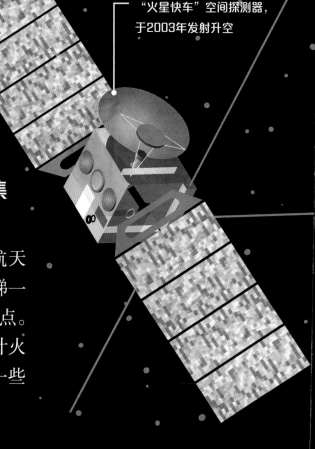

"火星快车"空间探测器,
于2003年发射升空

我们向火星发射了不同类型的探测器,以收集我们无法从地球获取的信息。

科学家必须针对不同的探测任务而选择最适合的航天器。每项任务都建立在上一项任务的基础上,就像上楼梯一样。首先,科学家发射探测器来拍摄照片,寻找着陆地点。然后,航天器在火星表面着陆。任务的信息则被用来设计火星车,以便在火星上四处行驶,获取更多信息。下面是一些不同类型的航天器——下一步你会把哪一个送上火星?

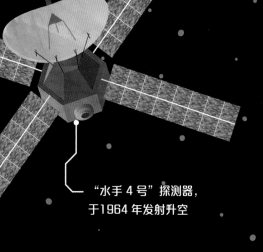

"水手4号"探测器,
于1964年发射升空

1 飞掠

最简单的任务是飞掠。航天器飞掠过一颗行星一次,就是了解基本信息的好方法。一次飞掠可以很快完成,因为它不需要减速绕行星运行。第一次火星飞掠任务是由1964年发射的"水手4号"探测器执行的。它拍摄了火星的表面及其大气层的照片。

2 轨道飞行器

为了比飞掠更接近行星,科学家发射了轨道飞行器。这种航天器会环绕行星或卫星飞行数月或数年。它拍摄了很多照片,就像气象卫星为地球拍的照片那样。轨道飞行器还可以将位于行星表面的航天器获取的信息传回地球。"火星快车"空间探测器就是自2003年以来一直在研究这颗红色星球的一艘轨道飞行器。

4 火星车

最复杂的任务是由火星车———一种带轮子的航天器执行的。它被释放到火星上（有时依靠着陆器），在那里它可以像汽车一样行驶。火星车需要精心设计，这样它就可以在行星粗糙的表面上行驶而不会被卡住。火星车可以近距离测量行星的特征，还可以爬坡获取更多信息。执行类似任务持续时间最长的是"机遇号"火星车，它于2003年发射升空，用了约14年的时间研究火星。

3 着陆器

一旦轨道上的航天器收集到行星的信息，着陆器就可以被送到行星表面着陆。它可以停留在一个地方，测试所在地点的土壤、岩石和天气状况。在行星上着陆要比绕轨道飞行困难得多，所以这类任务是有风险的。最成功的火星着陆器是"海盗1号"，它于1976年着陆火星，带回了关于火星大气、岩石和土壤的新发现。

"机遇号"火星车，
于2003年发射升空

"海盗1号"着陆器，
于1975年发射升空

1 进入

装载在外壳中的着陆器会撞击火星的大气层。由于撞击而升温的气体使外壳外部的温度几乎变得与太阳表面温度一样高，但因为有外壳的保护，里面的着陆器的温度却可以接近室温。

2 降落伞

一旦大气层将着陆器的速度降到1600 千米 / 时，专门为高速飞行设计的降落伞就会被释放出来，使其速度进一步减慢。此时它距离火星表面约10 千米。

3 缆绳

仅仅 35 秒后，当它减速到 320 千米 / 时后，着陆器会弹出外壳。它悬挂在壳下一根长 20 米的很细（比鞋带粗不了多少）但非常坚固的缆绳上。

在火星上着陆很难！

接近火星的着陆器以每小时数千千米的速度运行着，但它在到达火星之前必须减速到零。

如果着陆器减速不够，它可能会撞上火星，进而摧毁自己，导致任务失败。减速必须在短短 6 分钟内完成，这是着陆器从火星大气层到其表面所需的时间，的确令人难以置信。工程师已经找到了着陆器快速减速的方法并防止它紧急迫降，这里所描述的就是其中一种方法。因为信号从火星传递到地球需要太长时间，人类无法有效控制，因此需要着陆器自动控制。

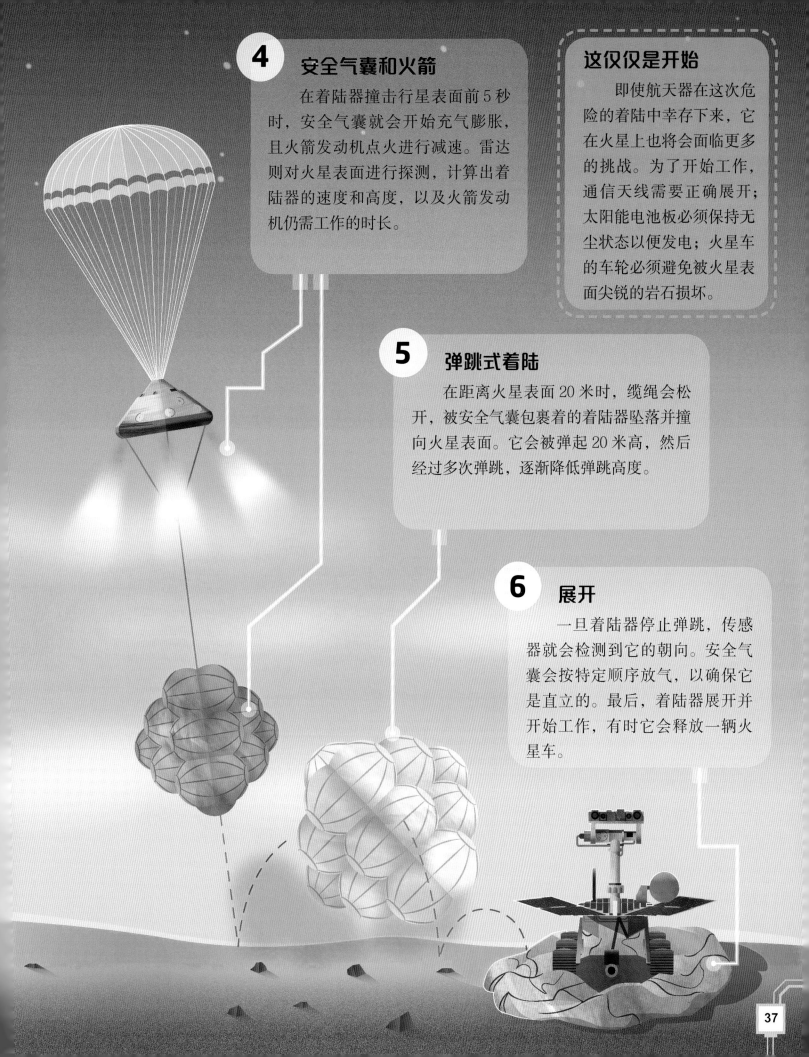

4　安全气囊和火箭

在着陆器撞击行星表面前5秒时，安全气囊就会开始充气膨胀，且火箭发动机点火进行减速。雷达则对火星表面进行探测，计算出着陆器的速度和高度，以及火箭发动机仍需工作的时长。

这仅仅是开始

即使航天器在这次危险的着陆中幸存下来，它在火星上也将会面临更多的挑战。为了开始工作，通信天线需要正确展开；太阳能电池板必须保持无尘状态以便发电；火星车的车轮必须避免被火星表面尖锐的岩石损坏。

5　弹跳式着陆

在距离火星表面20米时，缆绳会松开，被安全气囊包裹着的着陆器坠落并撞向火星表面。它会被弹起20米高，然后经过多次弹跳，逐渐降低弹跳高度。

6　展开

一旦着陆器停止弹跳，传感器就会检测到它的朝向。安全气囊会按特定顺序放气，以确保它是直立的。最后，着陆器展开并开始工作，有时它会释放一辆火星车。

水手谷

你不能错过的水手谷——火星地壳上的一条巨大断裂带，其长度和美国东西海岸间的距离一样长！我们来看看它与地球上最大、最著名的峡谷之一——美国科罗拉多大峡谷进行比较的结果。

位置

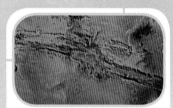

火星上的水手谷

地球上的科罗拉多大峡谷

长度 每个山谷延伸多长的距离

科罗拉多大峡谷
800千米

水手谷
4000千米

深度 从底部到顶部的距离

科罗拉多大峡谷
------- 1.6千米

水手谷
------- 8千米

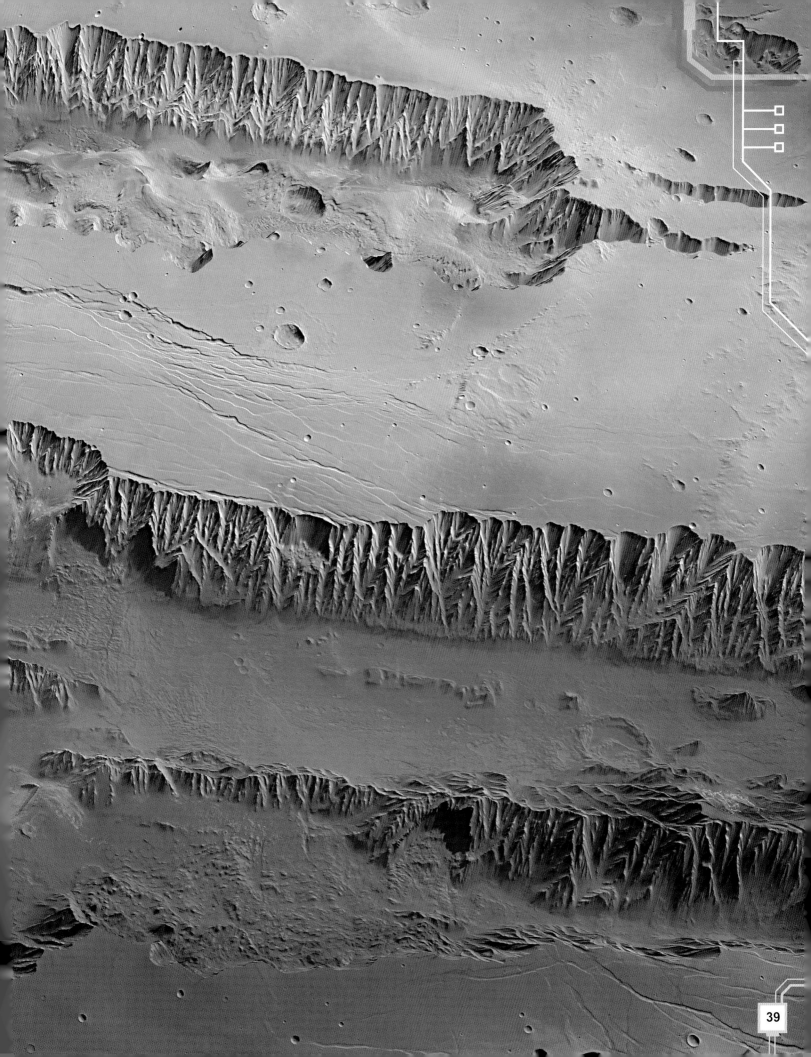

奥林匹斯山

太阳系中最大的火山——奥林匹斯山位于火星赤道以北。这是一座被称为盾状火山的火山（见第 24—25 页）。这座火山是由大约 20 亿年前的熔岩喷发积累而成，它高高地耸立在周围平坦的地面之上。在它的中心有重叠的火山口，这些火山口的深度约有 3.2 千米。奥林匹斯山的宽度相当于美国的亚利桑那州。它有缓坡，但坡的尽头是悬崖。这些悬崖高达 8 千米。

事实档案

奥林匹斯山的一切都非常巨大。它甚至使地球上最高的山峰——珠穆朗玛峰都相形见绌。

位置

火星上的奥林匹斯山

地球上的珠穆朗玛峰

宽度 底部延伸的距离

珠穆朗玛峰
约200 千米

奥林匹斯山
约624千米

奥林匹斯山
约22千米

珠穆朗玛峰
约9千米

高度 从底部到顶部的距离

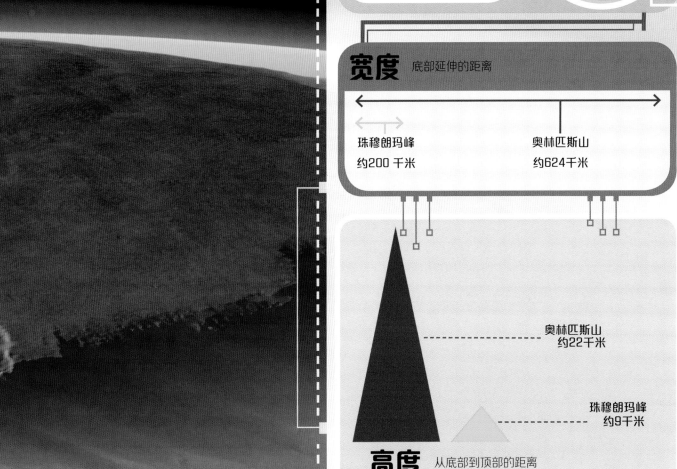

测量火星

2018年，"洞察号"火星无人着陆探测器抵达火星，准备对火星的内部进行自其45亿年前形成以来的首次测量。

与"好奇号"火星车可以四处行驶不同，"洞察号"着陆器没有轮子，只能停留在一个地方。科学家利用"洞察号"来了解火星内部的情况。通过研究地下深处的温度和测量"火星震"，"洞察号"帮助我们了解火星地表下是什么样的，以及它是否和地球类似。得出这些结论也将帮助我们发现地球和火星的形成是否有相同之处。如果它们不一样，科学家希望进一步找出原因。"洞察号"有一些帮助它研究火星的仪器：一条执行任务的机械臂、一部内部结构地震实验仪（测量地质活动的仪器）和被称为"鼹鼠"的热流和物理学特性探头（测量温度的仪表）。

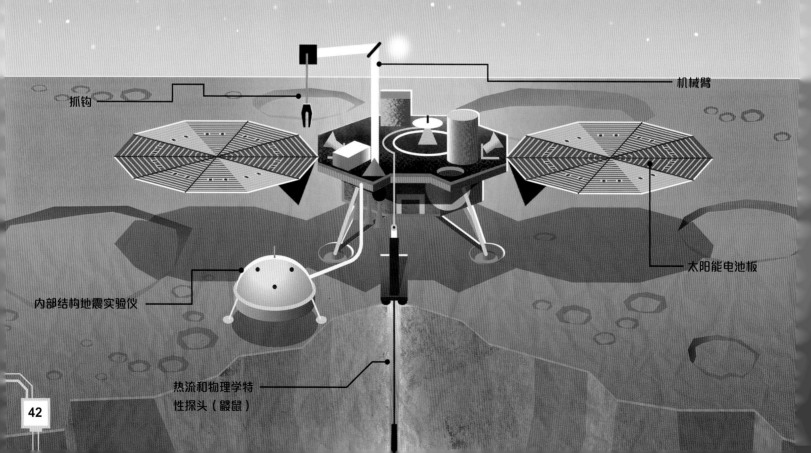

机械臂

抓钩

太阳能电池板

内部结构地震实验仪

热流和物理学特性探头（鼹鼠）

"洞察号"是做什么的？

火星震

地球和火星内部都有岩石层，但我们无法挖到足够深来看清它们的内部构造。为了了解地球内部的岩石构造，科学家研究地震波是如何传播的。"洞察号"的地震实验仪在火星上研究着同样的事情。就像医生用听诊器听心跳一样，它在听"火星上的地震"——火星震。

上图为"洞察号"的地震实验仪。它被一个圆顶状的盾牌覆盖，用以保护它免受火星上的极端温度的影响。除了地震，它还能感知风和风暴产生的震动。

向更深处进发！

"洞察号"是第一个能在火星地表以下钻探的探测器。它有一个被称为"鼹鼠"的工具，可以像钉子一样插入地下。其末端是一个温度计，用来测量温度。遗憾的是，"鼹鼠"任务已经宣告失败。

上图展示了"洞察号"的抓钩，这是一个附着在机械臂上的抓握工具。抓钩的五根机械手指可以闭合并抓住物体。这使机械臂可以举起东西，并协助完成一些灵巧的任务。

右图是"洞察号"拍摄的自拍照。你可以看到探测器上覆盖着一层薄薄的红色灰尘。

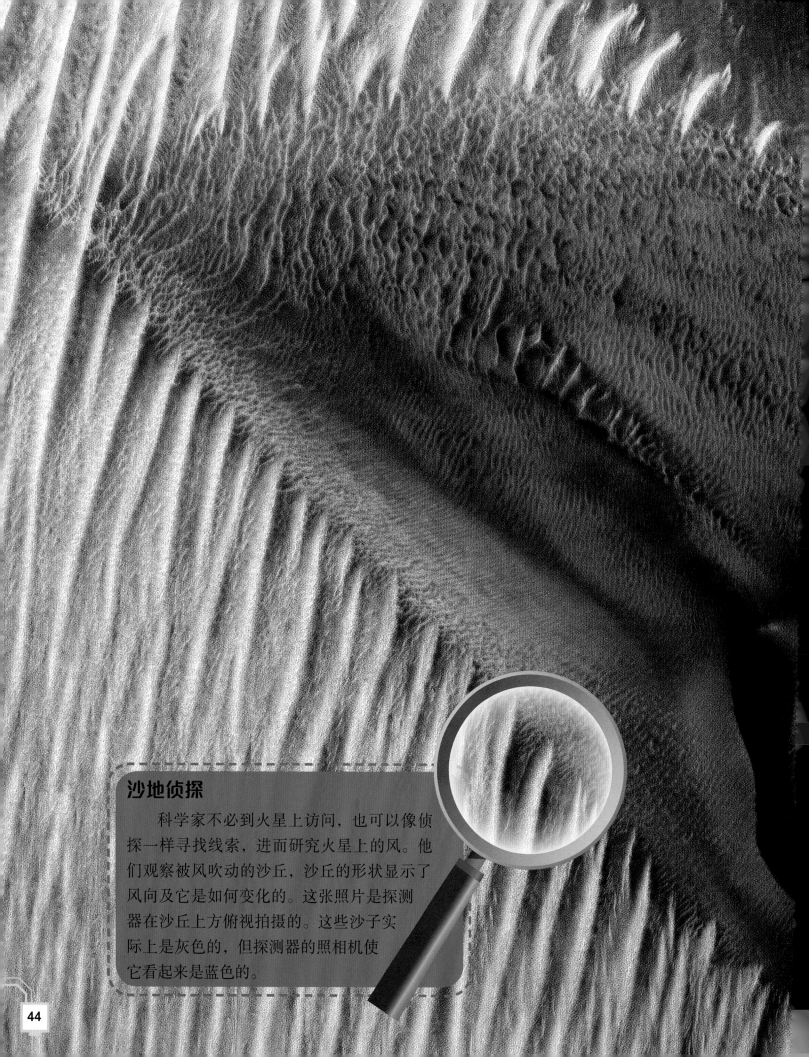

沙地侦探

科学家不必到火星上访问，也可以像侦探一样寻找线索，进而研究火星上的风。他们观察被风吹动的沙丘，沙丘的形状显示了风向及它是如何变化的。这张照片是探测器在沙丘上方俯视拍摄的。这些沙子实际上是灰色的，但探测器的照相机使它看起来是蓝色的。

风和天气

火星上的风、天气和季节在一年中不断变化。季节是由行星倾斜造成的——行星朝向太阳的区域温度升高，形成夏季天气，而行星远离太阳的区域形成冬季天气。火星与地球的倾斜度相似，它也有四季。火星上的雪和霜在冬季出现，而尘暴在夏季可以覆盖大片地区。然而，即使在夏天，火星也比地球冷得多。

火星上的大气非常稀薄，以至于刮不起大风。火星上的风速可以和高速公路上行驶的汽车一样快，但风力不如地球上的大。要在火星上放风筝，风速需要比在地球上快得多，才能让风筝飞起来。

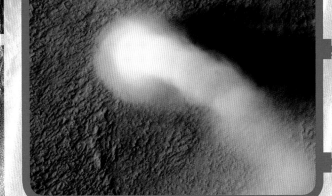

尘暴

当火星上的风将尘埃云吹向空中时，尘暴就形成了。这些尘暴可以停留在一块小区域，也可以覆盖整个星球。火星上也有尘卷风，如上图所示。这些不可思议的旋转尘塔可以像山一样高。

"好奇号"火星探测器

"好奇号"是被送往火星的最有趣的探测器之一，它是一辆可以爆破岩石的火星车。

2012 年，美国国家航空航天局的"好奇号"火星探测器在火星着陆。"好奇号"有一辆小汽车那么大，由地球上的科学家控制。它的工作是尽可能多地了解这个星球。"好奇号"光拍照的相机就有十七部，目的是获取更多的信息。化学与摄像机仪器是其中之一，它可以发射激光并识别岩石和土壤中的化学物质。"好奇号"的任务包括寻找水，收集火星气候数据，在地下寻找过去或现在存在生命的迹象。调查火星是一项缓慢、艰巨的工作，"好奇号"每秒仅行驶 3.8 厘米，自登陆火星以来仅行驶了 20 千米。

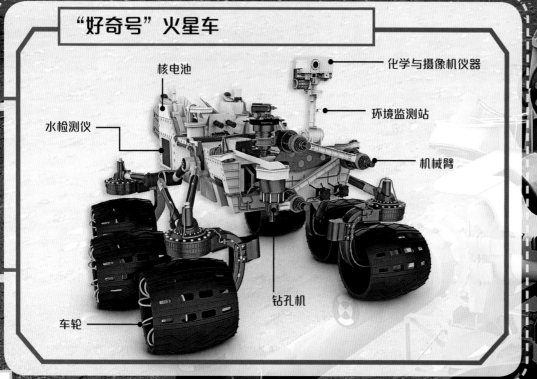

"好奇号"火星车

核电池

水检测仪

化学与摄像机仪器

环境监测站

机械臂

钻孔机

车轮

激光能量

　　"好奇号"上最灵敏的仪器叫作化学与摄像机仪器。它结合了一台超强的隐形激光器、一架小型望远镜和一部照相机来研究火星上的岩石。它可以对 7 米外的目标发射激光,将其蒸发。照相机通过望远镜拍摄熔化的岩石,并测量释放出的气体的颜色,科学家将由此得知岩石的组成。化学与摄像机仪器可以记录 6000 多种不同的颜色(有些是肉眼看不到的),它的望远镜可以看到 10 米外仅 0.1 厘米宽的物体。

极地冰盖

　　火星的顶部和底部是北极和南极，就像地球上一样。两极是火星上最冷的地区，因为它们没法像其他地方一样得到那么多的阳光。两极有很多地区都被冰覆盖，称为"极地冰盖"。大部分冰盖是由冰冻的水构成的，但也含有比冰冻的水还要冷的冰冻二氧化碳。火星上的冬天非常寒冷，二氧化碳会像正常雪花那样以冰片的形式落下。它落在冰盖的顶部，使冰盖变得更大。

火星上的位置

你可以在这些图片中看到，火星的南极冰盖仅为北极冰盖的1/3。它被火山口和山脉包围。北极冰盖处有令人惊叹的螺旋状山谷。这两个冰盖都含有冰冻的水、冰冻的二氧化碳和来自火星尘暴的灰尘。

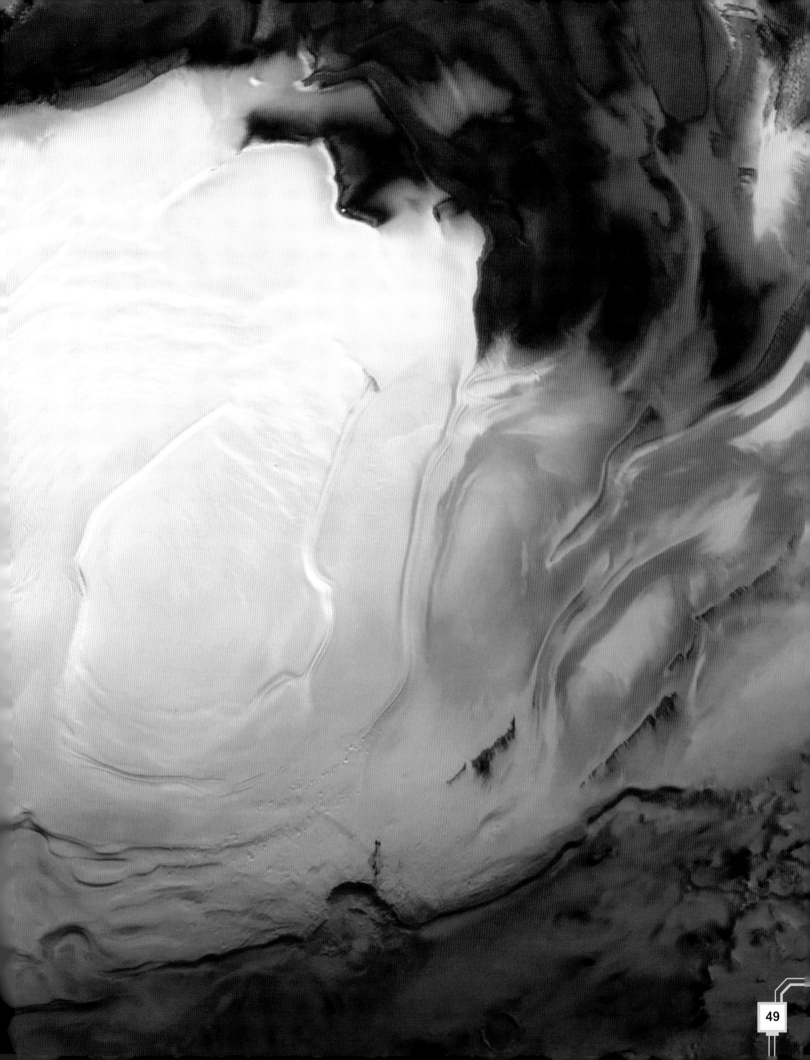

探测才刚刚开始

送到火星表面的探测器只能观察火星的很小一部分。我们只探索了其表面不到2%的区域。

轨道飞行器已经远距离对火星进行了详细的研究，但这不足以使我们了解火星的一切。我们必须试着从探测器着陆过的几个地方弄清楚整个火星的情况！这有点像通过观察一块岩石来了解地球上的一整座山。因为我们只能访问火星上的几个地方，因此必须非常仔细地进行甄选，以确保我们能获得尽可能多的信息。

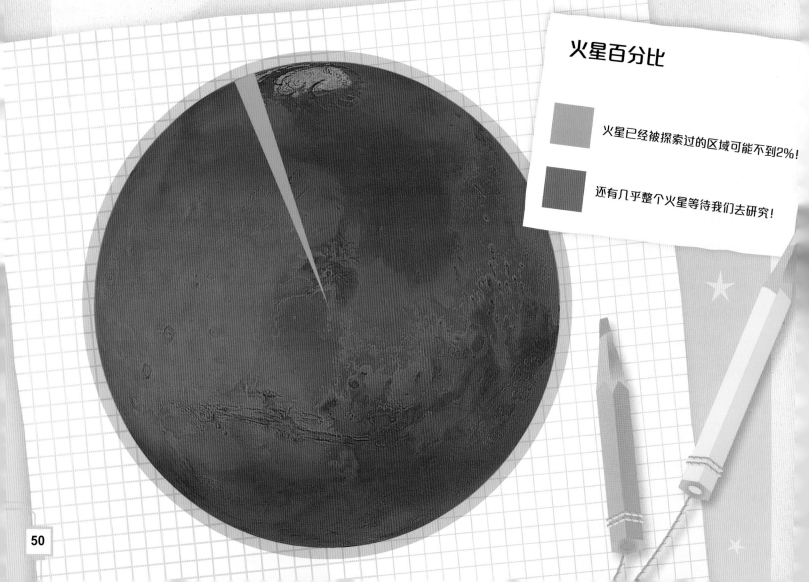

火星百分比

火星已经被探索过的区域可能不到2%！

还有几乎整个火星等待我们去研究！

勘测轨道飞行器

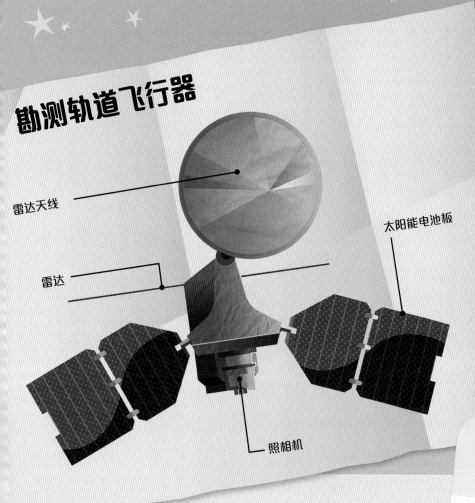

雷达天线

雷达

太阳能电池板

照相机

我们都知道些什么?

我们知道一些探测器曾经去过的火星区域的情况,但是我们不知道这些地方以外的区域和我们探索过的地方相比是相同还是不同。如果是你,下一个探测任务会选哪里?像勘测轨道飞行器(见第52—53页)这样的航天器能够从空中获取有关火星的信息,为我们对火星的科学解读添砖加瓦,这样我们就可以好好计划下一步去哪里。

投票选择着陆点

这个地方会有水吗?

我们认为这里会有生命吗?

这个区域有很多岩石吗?

周围是否有平坦的地区?

探测器能着陆吗?

会引起人们的兴趣吗?

在哪里降落?

在为航天器选择着陆点时,科学家必须确保地面足够平坦以便着陆。通常他们会选择一个可能有水、也可能曾有生命存在过的地方。多岩石地带是最吸引人的,这些岩石包含了火星的历史信息。但岩石地带很难着陆,所以最好的着陆地点是靠近山脉或悬崖的平坦地带。科学家团队会收集信息、讨论并对可能的地点进行投票。

火星勘测轨道飞行器

曾经有很多轨道飞行器环绕火星飞行，但发回最美丽图像的可能是美国国家航空航天局的火星勘测轨道飞行器（MRO）。

MRO 于 2006 年进入火星轨道，在距地面平均约 283 千米的高度上运行。它的飞行路线是经过编程设定的，几乎会飞掉火星的每一个部分。MRO 使用各种各样的相机和传感器来构建我们迄今为止对这颗红色星球的壮丽景象所拥有的最详细的图像。我们所看到的一些最美丽的火星照片就是由 MRO 拍摄的。

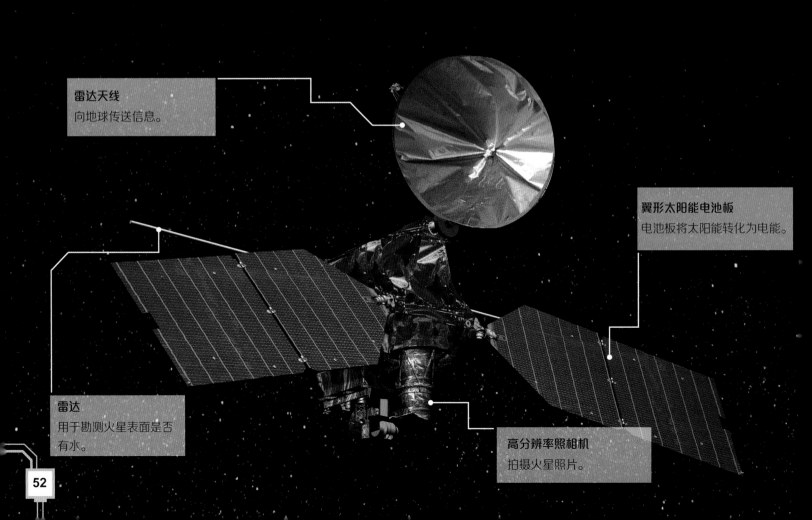

雷达天线
向地球传送信息。

翼形太阳能电池板
电池板将太阳能转化为电能。

雷达
用于勘测火星表面是否有水。

高分辨率照相机
拍摄火星照片。

壮观!

轨道摄影师

　　MRO 最精细的照相机被称为 HiRISE（高分辨率成像科学设备），它通过一架大型望远镜观察火星，能分辨出直径仅 0.3 米的物体的细节。它可以在不同的光线下观察地貌，也会利用红外线（热）辐射来观察，这有助于科学家识别火星岩石和尘埃中的矿物质。

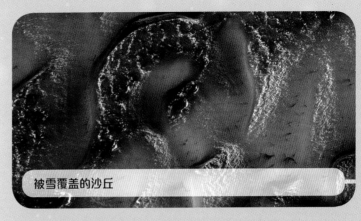

被雪覆盖的沙丘

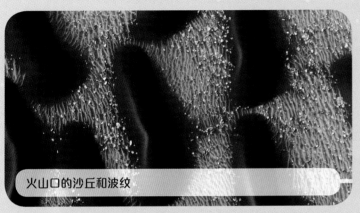

火山口的沙丘和波纹

新形成的火山口

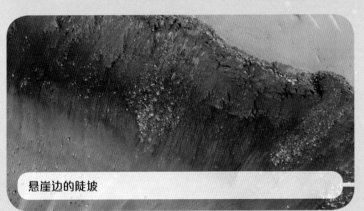

悬崖边的陡坡

干涸河流中的岩层

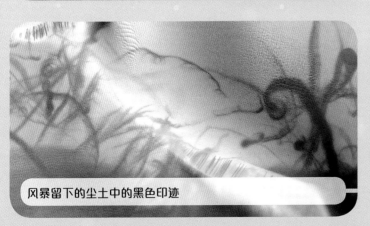

风暴留下的尘土中的黑色印迹

峡谷中多彩的山峦

未来

人类会生活在

火星上吗?

目的地：火星

科学家多年来一直梦想着把人类送上火星。在未来的20年里，它可能成为现实。

环绕火星飞行的航天器和在火星表面探索的探测器向我们展示了大量关于火星的信息。但其实人们更想亲自去那里旅行，并弄清楚我们如何在那里生活。人类还可以做很多机器做不到的事情，比如进入难以到达的区域，进行试验，或是根据所见所闻做出决策。不过，把人送上火星还是相当困难的。在向这颗红色星球派遣宇航员之前，我们需要考虑以下几点。

1 如何到达火星

这非常复杂。因为每颗行星围绕太阳在不同的轨道上运行，火星与地球的距离也会发生变化。即使火星离地球最近，我们也可能需要长达9个月的时间才能到达那里。一旦登上火星，宇航员短期内就不能返回地球，直到火星运行到更接近地球的位置，这可能需要至少1年以上的时间。最重要的是，目前还没有一艘足够强大的宇宙飞船能够承载探测器、宇航员以及到达并停留在那里所需的所有物资（如燃料）前往太空。

2 住在哪里

火星上的任何建筑都需要密闭，以保护里面的人免受稀薄有毒的火星空气的伤害。它们还需要抵御火星上的极端温度和辐射。科学家和设计师需要创造性地思考，以找到合理的方法来建造这样的建筑。一些工程师甚至建议在火星上的洞穴内建造房屋。

3 怎么获得水

火星是如此遥远，宇航员无法携带他们在航天器中进行长期任务所需的所有水。不过，他们可以从火星表面下的冰中获取水——将冰加热融化。这些水可以用来制造呼吸用的氧气，甚至可以用于制造火箭燃料以便进一步探索。

4 如何四处走动

一旦登上火星，宇航员将有很多工作要做。在探索火星时，他们将依靠坚固、灵活的宇航服来保护自己。人们有时很容易忘记火星到底有多大，事实上在每个着陆点之间都有数千千米的距离。带轮子的小车和可以在其中睡觉的小房子或许将使更长的探险旅行成为可能。

太阳能电池板

大型的机翼由太阳能电池板组成，电池板将太阳光转化为电能，供航天器使用。机翼长约 7 米，提供的电力足以为 24 套三居室的房屋供电。在发射过程中它们会折叠起来安装在火箭内部，然后在航天器进入轨道后打开并面向太阳。

引擎

服务舱上的发动机可以将宇宙飞船推向火星并再次返回地球。它将帮助猎户座飞船在深入太空时达到超过 32180 千米 / 时的速度。

我们怎么去火星？

想象一下，你要为一场耗时7个月、行程约8000万千米的旅行准备行李会怎样。到火星真的这么远！

研究如何把人类送上火星颇具挑战。宇宙飞船必须能够保证人员的安全，而且必须足够小，以便能装在将其从地球发射出去的运载火箭上。科学家正在研究可以同时达到这两项标准的宇宙飞船。在载人飞行之前，飞行器必须先在外层空间进行测试。这将检查系统的安全性，并帮助设计团队知晓哪些部件需要改进。

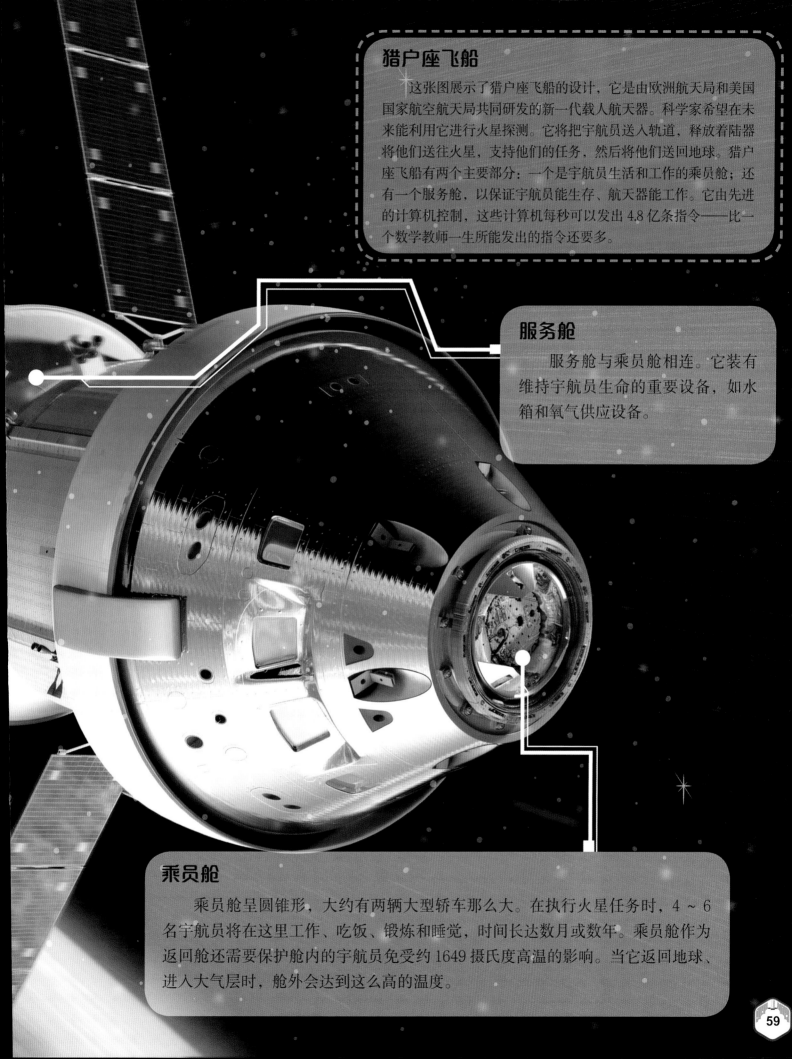

猎户座飞船

　　这张图展示了猎户座飞船的设计，它是由欧洲航天局和美国国家航空航天局共同研发的新一代载人航天器。科学家希望在未来能利用它进行火星探测。它将把宇航员送入轨道，释放着陆器将他们送往火星，支持他们的任务，然后将他们送回地球。猎户座飞船有两个主要部分：一个是宇航员生活和工作的乘员舱；还有一个服务舱，以保证宇航员能生存、航天器能工作。它由先进的计算机控制，这些计算机每秒可以发出4.8亿条指令——比一个数学教师一生所能发出的指令还要多。

服务舱

　　服务舱与乘员舱相连。它装有维持宇航员生命的重要设备，如水箱和氧气供应设备。

乘员舱

　　乘员舱呈圆锥形，大约有两辆大型轿车那么大。在执行火星任务时，4～6名宇航员将在这里工作、吃饭、锻炼和睡觉，时间长达数月或数年。乘员舱作为返回舱还需要保护舱内的宇航员免受约1649摄氏度高温的影响。当它返回地球、进入大气层时，舱外会达到这么高的温度。

一场充满挑战的旅程

火星之旅对那些参加的人来说将是一次对精神和身体的艰难挑战。

至少 9 个月的太空旅行和长达 500 天的火星之旅将是艰难的。如果出了什么问题，来自地球上的帮助才是真正的"鞭长莫及"，宇航员只有彼此依靠。对在空间站待了一年多的宇航员进行的研究，可能有助于解决一些在太空生活的问题，但不是所有问题。正因如此，想成为火星宇航员的人必须先在地球上通过重重考验，检验身心的韧性。

乘员舱

这是一个安装在宇宙飞船上的太空舱示例。宇航员将待在里面前往火星。它是如此之小，以至于宇航员几乎不能在里面站立。想象一下，他们 9 个月都不能四处走动！

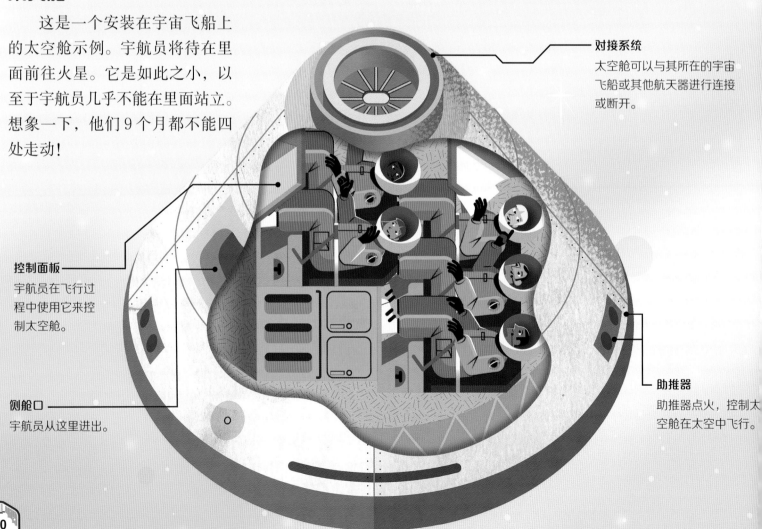

对接系统
太空舱可以与其所在的宇宙飞船或其他航天器进行连接或断开。

控制面板
宇航员在飞行过程中使用它来控制太空舱。

侧舱口
宇航员从这里进出。

助推器
助推器点火，控制太空舱在太空中飞行。

身体在太空中

在太空中影响宇航员身体的主要因素是缺乏重力。我们的身体结构已经适应在地球引力的作用下活动，但太空中重力较小，身体的工作方式变得不一样了。

太空疾病

宇航员的身体必须适应地球和火星之间的重力差异。从一个重力场移动到另一个重力场会让身体很难受。他们会感到恶心不适，就像在旅行中晕车一样。

浮肿的脸和骨瘦如柴的腿

正常情况下，心脏会将血液泵入身体内。但在太空中，没有足够的重力把血液向下拉，使它能够均匀地分布。因此，血液会聚集在脸部，使脸浮肿，而腿部的血液又不够，因而变瘦。

肌无力

在飞行的大部分时间里，宇航员都处于失重状态。由于没有重力的向下作用，骨骼和肌肉（包括心脏）会变得更弱。为了防止这种情况发生，他们需要定期在特定的仪器上进行锻炼。

未知因素

没有人去过火星，所以我们不知道身处火星会对人体产生什么影响。火星上的宇航员将暴露在来自外太空的辐射和粒子中，身体可能会发生我们无法预知的变化。

身处太空的心情

在狭窄而孤立的太空舱里待上几年，离家数百万千米，且不断面临危险，即便对头脑最为冷静的人来说，也是非常大的考验。

飞船乘组

一艘飞往火星的宇宙飞船上的宇航员不会超过6人。航天机构必须挑选他们认为适合相处的人，考虑他们是外向还是安静，是否语言相通等因素。

狭小空间中的压力

在前往火星的旅程中，宇航员要待在一个狭小的太空舱里，不能随意走动。他们必须一直保持高度专注。

既疲劳又枯燥

远途旅行会很无聊，可能会让宇航员脾气暴躁。他们也可能会非常疲劳，因为火星一天比地球多出37分钟，这可能会影响他们的睡眠模式。

遥远的旅程

火星距离地球约2.25亿千米。从火星向地球发送一条无线电信息可能需要45分钟，而得到一条回复信息也要45分钟。宇航员将无法与他们的朋友和家人有太多联系。

在火星上生活

在火星上建造房屋的最佳建筑材料可能出乎你的意料，那就是冰！

要想在火星上生活，人类需要能够保护他们免受极端温度、危险辐射和强大尘暴影响的家园。美国国家航空航天局和相关专家提出了一个绝妙的解决方案——利用火星表面下的冰层建造房屋。他们为一种圆顶建筑创造了概念设计，这种建筑有一层厚厚的冰壳来抵御恶劣的天气。冰壳内部是一个巨大的可充气结构，可以供人类居住，里面有足够的空间来建造厨房、卧室、实验室、温室等。虽然这还只是一个纸上的概念设计，但想到它有一天会成为现实，仍然令人兴奋。

气闸舱

没有宇航服，人类无法在火星上生存，因为空气中没有足够的氧气供他们呼吸。稀薄的大气层使火星上的液体的沸点要比地球上低得多，所以如果一个人不穿宇航服外出，血液就会沸腾。在气闸舱里，宇航员可以随意穿上和脱下宇航服，而不会暴露在外面的危险中。

保暖

居住区域和冰层之间以一层二氧化碳相隔（防止热量散发），使室内保持温暖。二氧化碳占火星稀薄大气的 96%，因此它无须从地球上运来。

具有保护性的冰壳

　　厚厚的冰层是火星家园的完美外壳。地下水可以被泵到屋子外面，冷冻起来形成一个坚固的外壳。透明的冰层可以让阳光照进生活区，这样里面的人就不会感觉是住在洞穴里。它还能抵挡太阳的有害辐射。

火星上的温室大棚

　　植物已经能够在空间站中生长了，比如在上图这样的温室中。被送往火星的宇航员将停留很长时间，所以他们将不得不以类似的方式种植自己的食物。

惊人的地下资源

　　环绕火星运行的宇宙飞船探测到火星表面以下有冰。要使用这些冰，机器必须钻下去，用微波融化冰，再把水泵到家里。

探索火星

火星上的宇航员想探索距基地数千千米的地方，但他们只能用双腿行走……

宇航员需要一种高速的交通工具，以便在火星上长途跋涉。20 世纪 70 年代，宇航员在登月任务中使用了一种名为"月球漫游车"的四轮车。他们穿着宇航服坐在上面进行短途驾驶。然而，火星宇航员可能会离开他们的基地几天或几周，还可能需要一个地方来储存和研究他们在行程中发现的岩石和其他物品。有什么好办法吗？带上一个迷你火星基地？美国国家航空航天局设计了一款概念车，它可以用于探索火星并充当实验室。

流线型外形

光滑的外形可以让车辆在火星风暴中滑行。它的车体离地面很高，有点像巨型越野卡车，所以它可以在大岩石和山丘上行驶，不用担心被岩石卡住底盘而损坏。

驾驶舱

车辆的前部有驾驶员、副驾驶和一名宇航员的座位。当车辆后部被分离开用作实验室时，车辆的前部依然可以开走，四处勘测。

太阳能电池板

车辆顶部和两侧的太阳能电池板将太阳光转化为电能，能给车辆的电池充电，并为实验工作提供电力。

舱门

宇航员通过车辆上的舱门进出。

可分离的实验室

车辆的后半部分是一个移动实验室和工作间。它可以与车辆断开和连接，所以当车辆的前半部分外出探索时，实验可以继续进行。

空心车轮

车辆的大车轮设计是为了在岩石上行驶。轮胎就像是一个个中空的笼子，让灰尘可以从中间穿过，而不是都卡在小裂缝中，那样会让车辆不堪重负。

火星上的艰难驾驶

在火星上驾驶会遇到特殊问题。充气的轮胎在稀薄的大气中无法工作，实心的车轮会因为被火星上的细小灰尘堵塞而停下来。汽油和柴油发动机在这里不能工作，所以任何车辆都需要用电力驱动。车辆还将面临地面上的许多障碍物，如尖锐的岩石和沙丘。不过幸运的是，火星上的重力很小，以至于像美国国家航空航天局在地球上重约 2500 千克那样的重型车辆，在火星上会轻很多。

火星上的穿着

如果你不穿宇航服在火星上行走，你会在几秒钟内死亡——空气会从你的肺里被吸走，你体内的液体会瞬间沸腾。

要走出基地在火星上工作，宇航员需要穿宇航服——相当于一种便携式航天器。火星宇航服需要比宇航员在太空行走时使用的笨重、僵硬的宇航服灵活得多。美国国家航空航天局的 Z-2 宇航服（如右图所示）就是为火星探索设计的。

发光设计

宇航服的发光设计可以帮助宇航员在夜间或尘暴期间相互寻找。当宇航员的脸被遮挡时，可以用不同的颜色和形状来区分谁是谁。

出入口

宇航员可以像进入航天器那样爬进宇航服。宇航服可以存放在火星车或基地的外部，它背面的出入口可以让宇航员直接爬进去。出入口被一个为宇航服提供氧气的背包盖住。

像玻璃鱼缸一样的头盔

宇航员的头盔是一个像鱼缸一样的巨大圆顶，能容纳可供呼吸的空气。透明的设计方便宇航员看到周围的一切，而不仅仅是正前方。

柔软可以弯折的四肢设计

小巧的靴子和宇航服腿部的柔软材料可以让宇航员在火星表面轻松地行走和攀爬，可弯曲的手臂设计方便他们做复杂且具有灵巧性的工作。

全新的一代

这不只是关于人类去火星的研究。火星车的性能越来越好，新一代的火星车将继续探索这个星球。

非载人火星探测任务是欧洲航天局和俄罗斯联邦航天局的一个联合项目，希望在火星上找到生命的痕迹。他们的探测器名叫罗莎琳德·富兰克林，是以帮助发现 DNA 结构的科学家的名字命名的。美国国家航空航天局也计划利用它的火星车获取新发现，这是"好奇号"的升级版。它的任务之一是收集岩石样本，这些样本将由执行后续任务的探测器带回地球。中国也已经向火星发射轨道飞行器、着陆器和火星车。

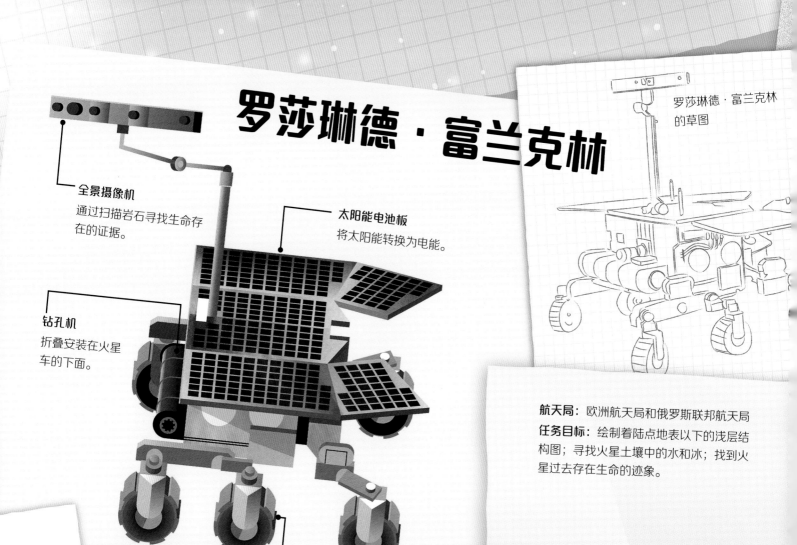

罗莎琳德·富兰克林

全景摄像机
通过扫描岩石寻找生命存在的证据。

钻孔机
折叠安装在火星车的下面。

太阳能电池板
将太阳能转换为电能。

柔性车轮
使火星车能够轻松地在粗糙的地面上行驶。

罗莎琳德·富兰克林的草图

航天局： 欧洲航天局和俄罗斯联邦航天局
任务目标： 绘制着陆点地表以下的浅层结构图；寻找火星土壤中的水和冰；找到火星过去存在生命的迹象。

美国的探测器

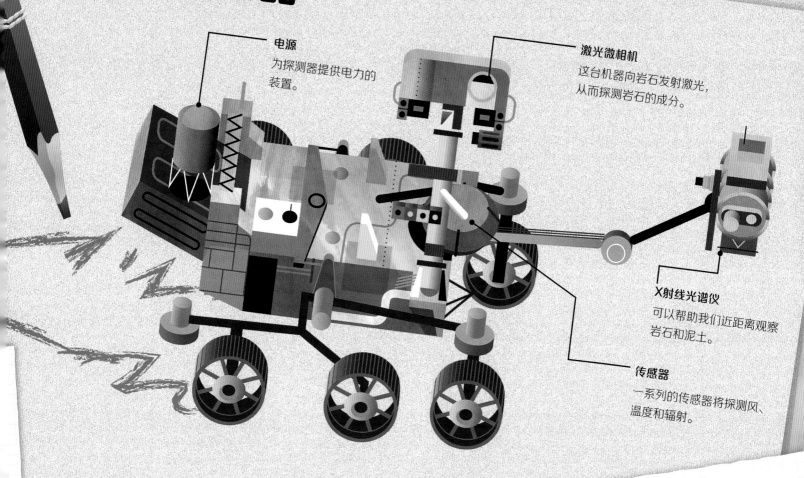

电源
为探测器提供电力的装置。

激光微相机
这台机器向岩石发射激光，从而探测岩石的成分。

X射线光谱仪
可以帮助我们近距离观察岩石和泥土。

传感器
一系列的传感器将探测风、温度和辐射。

航天局：美国国家航空航天局

任务目标：寻找生命存在的证据；为未来的探测任务准备样本；测试未来载人着陆的技术。

为什么需要更多的探测器？

尽管人类计划登陆火星，但火星探测器仍然发挥着关键的作用。它们不仅可以帮助我们尽可能多地探索火星，还可以为人类的一些研究任务打下基础。它们是优秀的探险家，勘探成本要比人类亲自去做低很多，派遣探测器至少意味着人类的生命不会受到威胁。

中国的火星着陆器

航天局：中国国家航天局

任务目标：从轨道上拍摄照片；用激光探测火星表面下的情况；寻找甲烷，收集火星上有生命存在的证据。

保持火星清洁

你有没有想过，航天器会从地球上带走哪些细菌，或者说什么种类的细菌？

当我们向火星发射航天器时，确保它不会带走任何可能污染火星的东西是很重要的。微生物有可能在从地球出发的航天器上生存，并最终生活在火星上。此时如果我们在火星上发现了生命，我们无法判断这是我们带去的生命，还是生命原本就存在。为了确保这种情况不会发生，航天器会在一个被称为洁净室的区域进行建造。这里一尘不染，有点像医院的手术室。

明亮的墙壁

洁净室必须保持非常干燥，这样就没有细菌赖以生存的水分了。墙壁被漆成白色，这样任何污垢都很容易被发现，光滑且有光泽的表面使它们便于清洗。

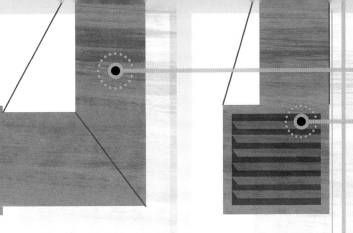

通风孔

特制的通风孔可以净化室内的空气，使细菌远离航天器。

防护服

工作人员要穿上防护服，这样他们的皮肤和头发就不会污染航天器。紧身面料的靴子和袜子裹在他们的脚上，手上还要戴手套。穿防护服时，他们必须确保防护服的任何部分都不会接触到地面，以避免沾染细菌。如果不小心碰到了，他们就不得不换上一套新的防护服。

保持清洁

细菌无处不在！你的手掌上有大约10000个细菌。所以，想象一下有多少细菌可以聚集在一艘航天器的外表面上！一粒灰尘或一个指纹都有可能损坏像望远镜这样的精密仪器。在进入洁净室之前，工作人员要走过一块粘板，将鞋子底部的脏东西粘下来。然后，在他们穿上防护服之前，要用清洁的空气吹去皮肤和头发上的灰尘。

那些任务背后的人

实际上只有少数宇航员能够去火星，但要使一项任务成为可能，需要成千上万的人辛勤工作。

执行火星任务需要大量技术型人才。一项任务远不止是宇航员或宇宙飞船进入太空而已。每一项任务都有数以百计的工作需要做，很多是你根本考虑不到的。在发射前，每件事都需要计划到最精确的细节。在执行任务期间，地面上的工作人员需要日夜待命，以防出现问题。即使宇航员或航天器已经返回地球，工作也只是刚刚开始。因为接下来，科学家需要查看在火星上收集到的信息，以了解更多关于火星的历史，这项研究可能需要数年时间！

这里要说的只是任务中需要完成的众多工作中的一小部分。

宇航服设计师

宇航员需要穿宇航服来抵御辐射、寒冷和高温。设计师设计宇航服时为了可以满足这些需求，有时甚至需要发明新材料。设计过程中还需要不断测试，随时修改。这些设计师既具有创造力，又不惧困难，善于解决一个又一个问题。

工程师

任务所需的所有设备都必须由工程师设计和建造。每个部件都必须小而轻，才能装进航天器内，并易于在任务期间维修。工程师在团队中工作出色，他们经常要不断重复尝试，但从不放弃。

平面设计师

平面设计师要创作与火星任务有关的所有图片，从航天器到火星住宅，再到宇航服，用以展示任务可能的样子，并让人们对此感到好奇。这些照片能激发人们的创造力和对太空的好奇。

计算机工程师

计算机对于任何太空任务都是必不可少的，从引导航天器着陆到确保宇航员有足够的食物。计算机工程师用编码来完成这些事情。他们要预设任何可能出现的问题，并确保将解决方案置入代码中。

营养师

宇航员在执行火星任务期间的食物必须在整个行程中都可以食用。营养学家必须创造出在宇宙飞船上可以食用的食物。宇航员的身体在太空中会发生变化，所以食物必须提供足够的营养来帮助他们保持强壮和健康。

心理学家

我们很难预测宇航员在执行火星任务期间会如何相处。他们会长时间共用一个狭小的空间，会感到沮丧、无聊和想家。心理学家需要教宇航员如何管理自己的情绪，并在感到不安时互相帮助。

谁将去火星?

你想去火星旅行吗？请继续阅读，看看你需要具备哪些技能。

火星宇航员将要研究岩石、土壤和天气，寻找过去和现在生命存在的迹象。他们会花很多时间和其他伙伴在一起，所以他们必须能够在一个团队中很友好地工作。他们在火星上要做的很多事情都是以前从未做过的，所以他们必须善于利用自己的想象力来解决问题。火星之旅必须谨慎对待——科学家也无法预知宇航员在另一个星球上生活会对他们的身体产生什么影响。

你知道都需要些什么吗？

如果你梦想去火星，最好的办法就是找到你喜欢的东西，并在这方面努力做得更好。

有时候，一些事情会让你被选中，成为一名宇航员。但如果没有，就做好令你开心和快乐的事。成千上万的人申请去太空，但是只有几百人会被选中。在成为宇航员之前，他们做过许多不同的工作，有飞行员、科学家、医生，还有教师。他们都曾专心致志地做好自己的本职工作，每天都在学习，即使遇到困难也会努力再尝试。

火星宇航员需要具备的几个技能：

团队成员
即使你不同意，你也能倾听他人的意见并共同努力找到问题的解决方案吗？ ☑

永不放弃
当遇到令你沮丧或困难的事情时，你会继续尝试吗？在火星上，也许你就是唯一能完成任务的人。 ☑

热爱数学和科学
你喜欢数学和科学，尤其是地质学吗？这些学科对研究火星上的岩石、土壤和天气都很有用。 ☑

在狭小空间里是否舒适？
在狭小的空间里待很长时间，你能适应吗？为了到达火星，你将不得不在一艘小型航天器里待两年左右。 ☑

不炫耀
比起出名，你是否更在乎任务的目标和做好工作？ ☑

其实最重要的是热爱火星！
你对太空好奇吗？你愿意花时间学习新事物和练习新技能吗？要想去火星，你一定要对它感兴趣才行！ ☑

接下来是什么？

关于火星，还有数以百计的问题需要回答，还有更多的地方有待探索。

虽然我们成功地向火星发射了轨道飞行器、着陆器、探测器和火星车等，揭示了火星的许多惊人的秘密，但仍有许多是我们不知道的。火星真的曾被海洋覆盖吗？数十亿年前有没有远古生物在那里生存？它们今天还存在吗？每一项新的任务都为我们的探险画面增添一抹色彩。火星有如此多的未知事物，这也是为什么这么多人想去那里的主要原因。未来一定会有许多激动人心的太空之旅，试图逐一解开这颗不可思议的红色星球的一些谜团。

甲烷之谜

火星的大气中偶尔会出现少量的甲烷气体，虽然它很快就消失了。甲烷通常是由火山喷发或生物释放出来的，科学家想知道火星上的甲烷是否是活火山甚至是生命存在的证据。

升温

我们知道，随着时间的推移，火星已经失去了大部分大气层，使它比地球更冷、更干燥。然而，有证据表明，火星现在可能正在升温，因为它围绕太阳运行的轨道发生了变化。温度的升高对火星的未来意味着什么？

移动板块

火星的外层岩石地壳是单一的固体岩石层，而地球的地壳被分裂成巨大的可移动板块。这种差异归结于火星比地球冷却得快，还是其他原因？美国国家航空航天局的"洞察号"探测器（见第42—43页）正在探索火星表面下的东西，也许会找到我们想要的答案。

卫星冥想

科学家不知道火卫一和火卫二是从哪里来的。它们是被火星引力吸引的小行星吗？它们会不会是巨大的陨石撞击火星时抛下的大块岩石？或者它们是曾经环绕火星的一个巨大光环（有点像土星的光环）的残骸？

词汇表

酸性的（ACIDIC）
由酸性物质构成

气闸舱（AIRLOCK）
用于进出航天器或建筑物的小而密闭的舱室或房间

天线（ANTENNA）
接收或发射无线电波的装置

小行星（ASTEROID）
围绕太阳运行的岩质天体

宇航员（ASTRONAUT）
进入太空工作的人员

天文学家（ASTRONOMER）
研究太空的科学家

细菌（BACTERIA）
微生物中的一类

太空舱（CAPSULE）
用于太空飞行的小型隔间或运载工具

气候（CLIMATE）
一个地区的平均天气状况

概念（CONCEPT）
在现实生活中还没有实现的设计理念

核（CORE）
行星的中心

陨石坑（CRATER）
因陨石等物体撞击而引起的行星表面的凹陷

壳（CRUST）
行星的岩石外壳

减速（DECELERATION）
减缓速度

进入（ENTRY）
航天器从外层空间进入一颗行星的大气层

赤道（EQUATOR）
与行星中心处于同一平面的假想线

喷发（ERUPTION）
熔岩、气体或火山灰从火山中喷射出来的状态

星系（GALAXY）
恒星、尘埃、气体和空间受引力影响组成的系统

地质学（GEOLOGY）
研究行星的土壤和岩石的自然科学

宜居带（HABITABLE ZONE）
温度适宜居住的地区

舱口（HATCH）
飞行器的小门

铁（IRON）
一种金属

实验室（LABORATORY）
进行科学实验或研究的场所

着陆器（LANDER）
用于登陆卫星或行星的航天器

激光（LASER）
强烈的窄光束

熔岩（LAVA）
来自火山口或行星地壳裂缝的熔化的岩石

火星震（MARSQUAKE）
火星上的地壳运动，就像地球上的地震

陨石（METEORITE）
来自太空、穿过地球的大气层且降落在地球表面的岩石

甲烷（METHANE）
一种气体

极微小的（MICROSCOPIC）

需要在显微镜下才能看清

银行系（MILKY WAY）

我们所居住的星系

熔化（MOLTEN）

金属等固体受热变成液体

轨道飞行器（ORBITER）

按照既定路线环绕卫星或行星飞行而不着陆的航天器

极地（POLAR）

行星的两极

雷达（RADAR）

一种通过发射无线电波来探测遥远物体的技术装置，无线电波会从物体上反射回雷达

辐射（RADIATION）

以波或粒子的形式在空间中传播的能量

再入（RE-ENTRY）

当航天器从太空返回地球时，从外层空间进入地球的大气层

漫游车（ROVER）

可以在卫星或行星表面行驶的交通工具

人造卫星（SATELLITE）

设计用于环绕行星或卫星运行的航天器

地震仪（SEISMOMETER）

测量地壳运动的仪器

传感器（SENSOR）

感知和测量运动、声音、热和光等的技术设备

太阳能电池板（SOLAR PANEL）

利用太阳能发电的装置

宇宙飞船（SPACECRAFT）

在太空中旅行的交通工具

恒星（STAR）

巨大且发光的天体，如太阳

望远镜（TELESCOPE）

观测远距离物体的工具

宇宙（UNIVERSE）

整个空间

致谢

DK would like to thank Becky Walsh for proofreading and Marie Lorimer for the index.

The publisher would like to thank the following for their kind permission to reproduce their photographs:
(Key: a-above; b-below/bottom; c-centre; f-far; l-left; r-right; t-top)
8 NASA: JPL / USGS (b). **9 Fotolia:** dundanim (t). **10-11 Alamy Stock Photo:** Bruce Rolff (b). **11 NASA:** JPL-Caltech / MSSS (tl, cla, cra). **16 Dreamstime.com:** Itechno (br). **16-17 NASA:** (tc). **17 iStockphoto. com:** Photos.com (cla). **20-21 ESA / Hubble:** DLR / FU Berlin,CC BY-SA 3.0 IGO (Highlands). **22 NASA:** (b). **23 Alamy Stock Photo:** NASA Image Collection (cla). **26-27 Alamy Stock Photo:** Stocktrek Images, Inc.. **27 NASA:** Goddard Space Flight Center (tl). **28-29 ESO:** P. Horálek. **32-33 Alamy Stock Photo:** Science Photo Library. **38-39 ESA / Hubble:** DLR / FU Berlin (G. Neukum). **38 NASA:** JPL / USGS (cla); JPL-Caltech / USGS (ca); NASA's Earth Observatory (cl). **40-41 Alamy Stock Photo:** Stocktrek Images, Inc.. **41 Fotolia:** dundanim (cra/Earth). NASA: JPL (ca); JPL / MSSS (cra). **43 NASA:** JPL-Caltech (tl, cr, br). **44-45 NASA:** JPL-Caltech / Univ. of Arizona. **45 NASA:** JPL-Caltech / UA (crb). **46 Alamy Stock Photo:** Nerthuz (b). **46-47 NASA:** JPL-Caltech. **48 ESA / Hubble:** DLR / FU Berlin, CC BY-SA 3.0 IGO (bl). **48-49 ESA / Hubble:** DLR / FU Berlin / Bill Dunford. **50 NASA:** JPL / USGS (b). **52 NASA:** (b). **53 NASA:** (cr, bl); JPL-Caltech / University of Arizona (cl, clb); JPL-Caltech / Univ. of Arizona (tr, crb, br). **56-57 Alamy Stock Photo:** Jürgen Fälchle. **58-59 ESA / Hubble**. **62-63 NASA:** JPL-Caltech / MSSS. **63 NASA:** (tr). 64-65 NASA: Kim Shiflett. **66 NASA:** Bill Stafford (bl). **76-77 NASA:** JPL-Caltech / Univ. of Arizona
Cover images: Front: **NASA:** JPL-Caltech c; Back: **Alamy Stock Photo:** Nerthuz br; Spine: **NASA:** JPL-Caltech t

All other images © Dorling Kindersley
For further information see: www.dkimages.com